U0381302

茶清诗书香

张柏齐　俞小双／编著

·南京·

图书在版编目（CIP）数据

茶清诗书香 / 张柏齐，俞小双编著. -- 南京 : 河海大学出版社，2020.10
（婺文化丛书 / 方宪文主编）
ISBN 978-7-5630-6441-0

Ⅰ. ①茶… Ⅱ. ①张… ②俞… Ⅲ. ①茶文化—中国—文集 Ⅳ. ①TS971.21-53

中国版本图书馆 CIP 数据核字（2020）第 152383 号

丛 书 名 / 婺文化丛书
书　　名 / 茶清诗书香
CHA QING SHISHU XIANG
书　　号 / ISBN 978-7-5630-6441-0
责任编辑 / 毛积孝
策划编辑 / 梁　婧　许苗苗
特约编辑 / 李　路　孟祥静
特约校对 / 李　萍
装帧设计 / 周国良　刘昌凤
出版发行 / 河海大学出版社
地　　址 / 南京市西康路 1 号（邮编：210098）
电　　话 / （025）83737852（总编室）
/ （025）83722833（营销部）
经　　销 / 全国新华书店
印　　刷 / 三河市双峰印刷装订有限公司
开　　本 / 880 毫米 ×1230 毫米　1/32
印　　张 / 8.125
字　　数 / 167 千字
版　　次 / 2020 年 10 月第 1 版
印　　次 / 2020 年 10 月第 1 次印刷
定　　价 / 59.80 元

《婺文化丛书XI》编委会

前　言

我国是茶树的原产地，也是世界上最大的产茶国。伴随茶业发展而兴起的茶文化，源远流长，博大精深，影响深远，与时俱进。为弘扬传承中华优秀的茶文化，本书立足金华，放眼全国，贯通古今，定名《茶清诗书香》，以古典名著和诸家诗茶名人涉茶论著为主，共收纳涉茶文章77篇，其中20篇分别在金华市级刊物《金华日报》、《金华精神文明》、党史《春秋》和《八婺茶文化》发表过。

此书共分六个部分，即古典名著飘散茶幽芬芳、儒道释名人茶清诗书香、民间茶诗茶事清香绽放、古今八婺茶情香赛桂芳、茶德茶韵茶道皆具清香、茶海钩沉更显靓丽芬芳，篇幅精悍，文理相融，资料翔实，从读者喜闻乐见的茶人茶事出发，融创意性、地方性、历史性、现实性、故事性和趣味性于一体，对金华乃至各地弘扬中华优秀茶文化具有重要参考价值。

限于水平，本书在写作过程中难免出现差错，不当之处希请读者见谅。

张柏齐　俞小双

2019年岁次己亥初夏于金华

序

开门七件事，柴米油盐酱醋茶，这是我国传统流行的民谚。可是，2018年5月18日，在杭州举办的第二届中国国际茶叶博览会上，农业农村部副部长屈冬玉在开场就说："柴米油盐酱醋茶，已经是老皇历了，现在应该是茶米油盐酱醋柴。"

其实，茶是健身的饮料，已成为全国人民举国之饮。把茶从开门七件事之末提到之首，不仅体现着今天社会的进步、经济的发展、环境的美化，更能说明的是文化的繁荣。文化是一个国家、一个民族的灵魂，文化兴国运兴，文化强民族强。我们中华民族5 000年的文明画卷，卷卷飘扬着清幽芬芳的茶香。有人说，无茶不成诗，无茶不成书，无茶不成事，无茶不成市，无茶不成才，无茶不成……这样说并不夸张。

无茶不成诗

我国是一个诗的国度，诗歌发展源远流长，而茶诗是最引人注目的一部分。我国历代有茶诗诗人890余人，咏茶诗篇3 500多篇。体裁有古体诗、律诗、绝句、试帖诗、宫词、联句、竹枝诗、宝塔诗以及新体诗歌等，题材包括名茶、茶人、煎茶、茶具、采茶、制茶、茶园以及庆贺、哀悼、茶功能和名泉……茶诗中的一些名句含义非常深刻，逐渐形成了特有的典故或成语。茶诗不愧为中华茶文化宝库中的璀璨明珠。

唐代是我国诗的盛世，饮茶之风逐渐盛行。写过茶诗的诗人有130余人，茶诗共计580多篇，以饮茶闻名的卢仝，《饮茶歌》（也称《七碗茶诗》）咏道：“一碗喉吻润，二碗破孤闷。三碗搜枯肠，惟有文字五千卷。四碗发轻汗，平生不平事，尽向毛孔散。五碗肌骨轻，六碗通仙灵。七碗吃不得也，惟觉两腋习习清风生。”诗中尽情抒写了七碗茶的愉快欢乐。白居易写有茶诗50多首，《琴茶》《谢李六郎中寄新蜀茶》《山泉煎茶有怀》等是他的代表作。元稹写过《一字至七字诗·茶》，这样的宝塔诗在茶诗中实属少见。

宋代写茶诗的诗人共有260余人，现存茶诗1 200余篇。北宋范仲淹的《和章岷从事斗茶歌》，可与卢仝的《七碗茶诗》相媲美。苏东坡有茶诗70多篇，《汲江煎茶》《惠山谒钱道人烹小龙团登绝顶望太湖》等都是其名作，他把茶人化，“从来佳茗似佳人”，韵味无穷。

元代，因蒙古族与汉族生活文化上的差异，茶诗比唐宋时期少，但也有茶诗诗人130余人，茶诗300余篇。耶律楚材的《西域从王君玉乞茶因其韵》就是佳作。

明代有茶诗诗人120余人，写过茶诗500余篇，以文徵明最多，他写诗150多首，其中茶诗30多首。

清代有140余人写过茶诗550余篇，最多的是厉鹗，共有80多篇。郑板桥写有茶诗20多首，每首都通俗易懂。他的《竹枝词》“溢江江口是奴家，郎若闲时来吃茶。黄土筑墙茅盖屋，门前一树紫荆花”，描写了一位劳动少女大胆执着追求爱情的内容，生活情趣非常浓厚。清代乾隆皇帝也写了许多茶诗，其中多是咏龙井。毛泽东主席的《七律·和柳亚子先生》

“饮茶粤海未能忘……”，说明他早就爱好饮茶，也写茶诗。

茶是文明和友谊的象征。品德情操、茶风茶德，在茶诗中都有鲜明的反映。以茶会友，客来敬茶，已成为中华民族的优良传统和民俗礼仪。

无茶不成书

书籍记载历史，记录知识。说茶之书是书籍的组成部分。据不完全统计，我国共刊印过各种茶书 204 部，其中唐代 16 部，宋代 47 部，明代 79 部，清代 42 部，明代是刊印茶书最繁荣的时期。

《茶经》为唐代陆羽所著。全书 7 000 多字，分三卷十节：茶之源，茶之具，茶之造，茶之器，茶之煮，茶之饮，茶之事，茶之出，茶之略，茶之图，内容丰富翔实，是世界上现存最早的一部茶叶专著。

古典名著中被称为“四大奇书”的《三国演义》《水浒传》《西游记》《金瓶梅》都有生动丰富的茶故事茶文化内容，客来敬茶的优良传统贯穿其中。《西游记》中茶故事的描绘惟妙惟肖；《水浒传》中许多英雄在茶坊中听闻信息，遂投奔梁山泊称雄；即便描写封建社会统治集团相互争斗的《三国演义》，也至少有 8 处提到客来敬茶的传统礼仪。《金瓶梅》说西门庆系市井俗人暴发户，不喜饮高雅清茶，最爱干鲜果、花卉配料的各种营养茶、香茶，书中第二十一回“吴月娘扫雪烹茶”中的“白玉壶中翻碧波，紫金杯内喷清香”，故事生动，至今流传不衰。

清代曹雪芹著的《红楼梦》，全书 120 回，涉及茶事 270 多处，一部《红楼梦》，满纸茶清香。书中第四十一回“栊翠庵茶品梅花雪，怡红院劫遇母蝗虫”，提到贾母不吃六安茶，而吃老君眉白茶。妙玉对宝玉说：“岂不闻一杯为品，二杯即是解渴的蠢物，三杯便是饮牛饮骡了。”这些话说得既诙谐又生动。这一回又提到贾府的小茶盘、小盖盅、白盖碗、绿玉斗、竹根大盏、玉质酒杯、点犀杯、花瓷等九种茶具珍品，传递了丰富的茶文化知识。

清代蒲松龄为撰写《聊斋志异》的狐仙故事，在自家蒲家庄大路口来往行人密集的大树下，摆设凉茶摊，以茶换故事，行人只要说出一个故事，茶钱分文不取，他将故事都记录下来，终于将许多狐仙故事编成一部动人的小说。

清代吴敬梓著的《儒林外史》中记录了三个茶故事：秦淮河船上煨茶，成老爹以茶代饭，画家盖宽卖茶。小说以辛辣的笔墨描写清雍、乾年间科举制度与政治制度的腐败，揭露清康乾盛世的阴暗面。

清末刘鹗著的《老残游记》，不仅在艺术上具有卓越成就，在茶文化方面虽然只有第九回短短一段话寥寥几行字，但别具一格，说明高山野生茶汲采山顶清泉水，又用松花做柴，沙瓶煎煮，这三合其美煮出的茶，吃了又香又甜，清爽异常，可以说是茶中之极品。

总而言之，无茶不成书。茶书既是一种艺术，也是一门学问。

无茶不成事

茶是办事的媒介。婚姻大事，就与茶有密切的联系。茶树是常绿树，以茶行聘象征着爱情的坚贞不移和永世长青。于是，我国从唐代开始，就以茶作为高贵礼物伴随女子出嫁。明代有“定亲茶”的记载。郎瑛《七修类稿》提道：“种茶下子，不可移植，移植则不复生也，故女子受聘，谓之吃茶。”明清以后，江南各地特别是福建等流行婚姻“三茶”礼，即订婚时“下茶”，结婚时“定茶”和同房见面的“合茶”。今八婺之浦江，仍流行订婚“吃茶”礼。当地将吃茶称为“食茶”，先由男方托媒人到女方家提亲，若男女双方对婚姻同意，就确定“食茶”日子。食茶那天，男方应送女方长辈和亲房若干礼盒，俗称“纸包”“斤头”。“食茶”谈妥“定头”“送礼”，即男方送女方聘金、财礼，女方送男方妆奁等条件，婚姻就定下来，只等择日结婚了。同时，茶又是丧事祭奠亡人的礼品，这说明民间办“红白事”都少不了用茶。

旧时民间流传着“穷不可与富斗，民不可与官斗”的俗话。于是，民间许多民事或刑事纠纷，都通过吃茶调解来解决，并流行着“吃讲茶”的调解形式，即双方到茶馆调停解决纠纷。吃讲茶先在茶馆安排好座位，桌上放两把壶嘴相对的茶壶。双方入座后，老茶官要求双方态度礼貌恳切，不得要挟对方，更不能大打出手，然后边饮茶边由双方申诉理由，老茶官则公正无私，分清是非加以解决。“吃讲茶”一般具有调解民刑纠纷的社会功能，庭外调解，当今司法部门还是提倡的。

茶象征友谊。不仅亲友之间寄赠新茶、名茶以示关怀问候之意，即使国与国之间也以茶作为交往的礼品。1971 年美国基辛格博士秘密来华访问，周恩来总理用明前龙井茶招待他，饮后，他赞不绝口。在临回国时，周总理又送他两斤龙井茶，却在飞机上就被同僚们分光了。1972 年 2 月，毛泽东主席会见美国总统尼克松时，赠予他四两武夷大红袍。尼克松接后神情不悦，周恩来总理察觉后马上解释：“总统先生，主席把‘半壁江山’都送给您了！”“半壁江山？”周总理笑答：“武夷大红袍是中国历代皇家贡品，一年只有八两，主席送您四两，正好是‘半壁江山’呀！”

无茶不成市

“茶之为饮，发乎神农氏，闻于鲁周公。”茶，是我国古老闻名的饮料，早在1 700多年前它就进入了市场，当时扬州一带，茶水已在市上零售。陆羽《茶经·七之事》和《广陵耆老传》同载：扬州有一老妇，每日独提茗器罐上街卖茶，生意红火，但罐内茶水不减，所得茶钱皆济贫救苦。时人认为她是怪人，报之于官囚禁狱中，老妇夜遁而去，不知所终。这虽是传说，但说明茶已入市。

到了唐代，饮茶之风兴起，各地云游僧人沿途投宿，寺院常备茶水款待，其他商家也仿而效之。到了天宝年间，邹、齐、沧、棣，至京邑城市，多开店铺，煎茶卖之，不问道俗，投钱取饮。这说明民间茶坊、茶肆已较普遍。

宋代茶馆有了更大发展，尤其是南宋最为兴盛。当时都城临安（杭州）人烟稠密，商业发达，茶馆林立，茶馆不仅是过往客商解渴消疲之场所，更是士大夫约友会聚之处，商家洽谈业务、中介雇人之所。

元明清各代，茶馆持续兴盛。明太祖朱元璋改饼茶为散茶冲泡即饮后，推动了茶馆的发展。上海豫园“湖心亭”茶馆，是明嘉靖年间所建。明末，绍兴的斑竹庵有禊泉，泉边设有“禊泉茶馆”。清代茶馆兴盛，遍及各地，知名者至少有上万家。张一元茶庄，是北京的老字号茶庄。汪裕泰茶栈创办于道光二十七年，内设“饮茗室”。在广州，有三如楼、惠如楼、莲香楼、天香馆等。杭州文澜茶阁，位于西湖边孤山路，始建于康熙四十六年，除大厅外有包厢20个。西湖藕香居茶室，其茶色、香味无一不佳。明清以来，在依山傍水的水陆交通枢纽，过往行人客商稠密的州县或农村集镇，都有茶摊、茶店、茶馆开设。当时八婺之兰溪县，茶馆有早茶、午茶、晚茶之分，鼎盛时共达195家。有的茶馆挂有茶联留客，如“品茶兰味佳于酿，几听松涛恍在山”“莫言茶馆无幽处，自有清风助兴怀”“味含汀水疑三峡，香籍蒙巅品二泉”等。民国时期，茶馆沿袭清末状况，在抗日战争时期一度衰落。

中华人民共和国成立后，城市茶馆公私合营，农村茶馆由合作集体统一经营，交钱记工。党的十一届三中全会后，随着改革开放的不断深化，茶馆在城乡都有了新的发展。规模较大的称为茶楼，有的不仅供应茶水点心，还备酒菜，茶酒合营。到2014年底，金华市区共有茶馆10余家。2016年“金华茶馆联盟”隆重成立，同时开展星级茶馆评定，至今已评出三星级茶馆12家，四星级茶馆7家，他们是金华茶馆联盟的主力军和核心力量。

无茶不成才

古往今来，不论王宫贵族、文人士大夫，还是平民百姓，都离不开茶的滋润。茶中含有多种维生素和矿物质元素，对人体有益的各种成分含量适中，饮茶可生津止渴，促进消化，旺盛生命力。人们边品茗，边思考，心态沉着稳定，思想升华，敬业心由此产生，在观察社会发展与自身差距中逐渐进步成才。即便体力劳动者，也可饮茶解渴，恢复体力，不仅完成当天劳作任务，更可熟能生巧，积累成才经验。特别是边民，他们饮食牛羊肉，饮茶可去腥除腻，有“宁可三日无食，不可一日无茶”之说。故古人认为“苦茶久食益意思”即茶可开发智慧，增长思维。近代许多名人作家，认为饮茶可自得其乐，增添生活趣味、生活活力，时而产生“灵感”。清乾隆皇帝在皇位更迭时，有官员提出“国不可一日无君”，乾隆皇帝却说：“君不可一日无茶也。”毛泽东主席每日清晨都饮一杯浓热的龙井茶。南宋哲学家、教育家朱熹酷爱煮茶品茗，终生信奉“茶取养生，衣取蔽身，食取充饥”，后人欲己成才必当效之。

习近平总书记提出“一带一路”倡议后，茶正在融入“一带一路”，推向海外，推向世界，成为中国与世界合作交流的桥梁和纽带。

目　录

古典名著飘散茶幽芬芳

儒道释名人茶清诗书香

民间茶诗茶事清香绽放

古今八婺茶情香赛桂芳

茶德茶韵茶道皆具清香

茶海钩沉更显靓丽芬芳

古典名著飘散茶幽芬芳

《西游记》茶故事别具一格妙趣横生

吴承恩著的《西游记》，是以唐僧（玄奘）取经史实为因，并与神佛妖魔故事结合的一部奇书。它是我国各民族读者都易于理解并极为珍爱的小说，老少咸宜，中外欢迎，几百年来不仅在国内流行，在英、法、德、俄、捷、日、朝、越等国有各种语言的译本，是世界文学中拥有最广泛读者的杰作之一。唐玄奘西天取经之路，实则是古代亚洲交通道路的“丝绸之路”。中国茶叶是丝绸之路的重要商品，因此《西游记》具有丰富的茶文化内容。书中涉及的茶事至少有50处，茶礼、茶德、茶风、茶诗，在书中都有体现。客来敬茶的优良传统，已是民间广为流传的习俗。书中不仅有看茶、待茶、献茶等礼仪，而且供应的都是香茶、芽茶、好茶，还有茶汤供斋、看茶排斋、香茶素酒、素果素菜素茶素饭等供客食用，使用的茶具有壶、盂、盅、盏、杯等。书中的茶故事别具一格，妙趣横生。

茶故事之一，见书第二十六回。孙悟空以“三茶六饭”的茶俗，引出了故事的情节。话说孙悟空三人曾偷吃五庄观的人参果，金棒使得树倒枒开，果无叶落。庄主镇元大仙要孙悟空同去西天见佛祖，要求归还人参果树。悟空认为若要活树，有什么疑难。要求师父唐僧准他三天去东洋大海、三岛十洲访问仙翁圣老求一个起死回生之法。唐僧允许后悟空要求镇元大仙必须好生服侍师父，逐日家“三茶六饭”不可缺少，若少了些儿，回来和他算账……悟空几经周折，到了普陀岩紫竹林，见到了观音菩萨，拿回了宝树。镇元大仙命小童取出二三十个茶盏、四五十个酒盅，将那根下清泉舀出，结果果树依旧青枝绿叶，浓郁阴森，上有二十三个人参果，比原来多了一个。唐僧吃了一个，悟空三人各吃一个，镇元子陪吃一个，庄内众仙分吃一个。从此镇元子与孙悟空结为兄弟。

茶故事之二，是《西游记》中最惹人喜听喜看的故事，见书第五十九回“唐三藏路阻火焰山，孙行者一调芭蕉扇”。话说唐僧等师徒四人，路过斯哈哩国，乃日落之处，热气蒸人。唐僧命大圣问清炎热之故。大圣径至门前观看，走出一老者，请师徒入里坐，看茶办饭。三藏问道贵处遇秋，何返炎热。老者道：“敝地唤作火焰山，无春无秋，四季炎热，那山离此六十里，都有八百里火焰，四周寸草不生。若得过山，就是铜脑盖铁身躯，也要化成汁。”三藏闻言大惊失色。……行者径至翠云山询问樵夫。得悉翠云山铁扇仙有把芭蕉扇，能熄火焰山火，铁扇仙名罗刹，乃大力牛魔大王之妻红孩儿之母。大圣到了芭蕉洞向罗刹女借扇。罗刹为报儿子红孩儿被大圣所杀之仇，不仅扇子不借，两个还在翠云山前厮杀一场。罗刹女取出芭蕉扇把行者扇得无影无踪。大圣飘飘荡荡滚了一夜，到灵吉菩萨处求救，得了定风丹，径返翠云山。把定风丹噙在口中，摇身一变，变作一个蟭蟟虫儿，从门隙钻进。只见罗刹叫道：“渴了，渴了，快拿茶来。”近侍女童即将香茶一壶，沙沙地斟满一碗，冲起茶沫漕漕。行者见了欢喜，嘤地一翅飞在茶沫之下，那罗刹渴极，接过茶两三口都喝了。行者在她肚腹之内，现原身厉声高叫道：“嫂嫂，借扇子给我使使。”并把脚一蹬，罗刹小腹中疼痛难禁，只在地上打滚，痛得面黄唇白，只叫“孙叔叔饶命”！行者却才收了手脚道："我看牛大哥情上，且饶你性命，将扇子拿来我使使。"罗刹即叫女童拿一芭蕉扇，执在旁边。行者探到喉咙之上见了道："嫂嫂，既饶你性命，我不在腰肋之下搠个窟窿出来，还自口出，你把口连张三次。"那罗刹张开口，行者还作蟭蟟虫，先飞出来，拿了扇子，说"谢借了"，出了洞口，拿将扇来，向师父讲了这一过程，并说待过了火焰山仍送还她……

茶故事之三，见书第六十四回。"荆棘岭悟能努力，木仙庵三藏谈诗"谈茶论禅。话说唐僧师徒四人，因降伏龙婆妖精得到祭赛国王谢礼后，继续踏上取经之路，经过了八百里无人区。一天来到石屋木仙庵，当时有一长老和四老翁。三藏进庵留心偷看，只见那里玲珑光彩，水从石边流出，香从花里飘来，满座清香雅致，全无半点尘埃。见此仙境，情乐开怀，忍不住念了一句道："禅心似月迥无尘。"庵内四老中的劲节老笑而即联道："诗兴如天青更新。"孤直公道："好句漫裁抟锦绣。"凌空子道："佳文不点唾奇珍。"拂云叟道："六朝一洗繁华尽，四始重删雅颂分。"三藏道："弟子一时失口，胡谈几字，诚所谓班门弄斧。适闻列仙之言，清新飘逸，真诗翁也。"劲节老道："你既起句，何无结句？望卒成之。"三藏只得续后二句云："半枕松风茶未熟，吟怀潇洒满腔春。"诸老听了赞叹不已道："真是阳春白雪，浩气冲霄！圣僧乃有道之士，大养之人也。不必再相联句，请赐教全篇。"三藏无已，只得笑吟一律曰："杖锡西来拜法王，愿求妙典远传扬。金芝三秀诗坛瑞，宝树千花莲蕊香。百尺竿头须进步，十方世界立行藏。修成玉象庄严体，极乐门前是道场。"诸老听毕，俱极赞扬。正话间，石屋外有一仙女捧细磁盂黄铜茶壶献茶。盂内设 12 品异果，壶内香茶喷鼻。先奉三藏，次奉四老。原来这木仙庵的四老，实是松、柏、枫、杏树木成精。从以上熠熠生辉的诗篇来看，唐僧是位学问卓异的诗僧、茶僧、禅僧。他的联句及七律，诗情浓郁，描摹精微，是极富禅理禅趣的诗篇。

另外，书中第八十九回提道：“阳羡仙茶，捧到手，香欺丹桂。”阳羡茶为唐天子的贡茶。卢仝《七碗茶》诗中有“天子须尝阳羡茶，百草不敢先开花”之句。我国茶兴于唐，说明唐僧取经路上，饮茶之风已经普及各地，并且有了历代盛享美誉的阳羡茶。

《水浒传》茶坊故事宋公明私放晁天王

元末明初施耐庵所著《水浒传》，是部家喻户晓描写北宋末年民众起义的著名小说，当时在过往客商、文人、士大夫歇息交谈的茶坊已经盛行。《水浒传》轰动宋代乾坤、闹遍赵家社稷的108位英雄，有的就是从茶坊得到追捕信息而投奔梁山泊称雄的。本文说的就是宋公明私放晁天王的故事，见《水浒传》第十八回。

宋公明名宋江，在郓城县做押司，仗义疏财，济困扶危，有“及时雨”之称。晁天王名晁盖，字保正，曾与吴用等八人，智取北京大名府梁中书庆贺丈人朝内蔡太师的生辰纲。这个案子当时是朝廷全力督办查办的大案要案。

话说一天宋江带着一个伴当走将出县前来，只见何观察当街迎住，叫道：“押司，此间请坐拜茶。”宋江见他似个公人打扮，慌忙答礼道：“尊兄何处？”何涛道：“且请押司到茶坊里吃茶说话。”两个人到茶坊里坐定。伴当都叫去门前等候，宋江道：“不敢拜问尊兄高姓？”何涛言道：“小人是济州府缉捕使臣何观察的便是，不敢动问押司高姓大名？”宋江道：“小吏姓宋名江的便是。”随即便叫：“茶博士，将两杯茶来。”没多时，茶到，两人吃了茶。

宋江道：“观察到敝县，不知上司有何公务？”何涛道：“实不相瞒押司，来贵县有几个要紧的人。有实封公文在此，敢烦押司作成。”宋江道：“不知是甚么贼情要紧事？”何涛道：“押司是当案的人，便说也不妨。敝府管下黄泥冈上一伙贼人，共是八个，把蒙汗药麻翻了北京大名府梁中书差遣送蔡太师的生辰纲军健一十五人，劫去了十一担金珠宝贝，计该十万贯正赃。今捕得一名白胜，指说七个正贼都在贵县。不瞒押司，说是贵县东溪村晁保正为首。”

宋江听罢，吃了一惊，肚里寻思道：“晁盖是我心腹弟兄，他如今犯了迷天大罪，我不救他时，捕获将去，性命便休了。”宋江心内自慌，且答应道：“晁盖这厮奸顽役户，本县上下人没一个不怪他。”何涛道：“相烦押司便行此事。”宋江道：“不妨，这事容易。瓮中捉鳖，手到拿来，只是一件，这实封公文须是观察自己当厅投下，本官看了，便好施行发落，差人去捉，小吏如何敢私下擅开。”何涛道：“押司高见极明，相烦引进。”宋江道：“本官发放一早晨事务，倦怠了少歇。观察略待一时，少刻坐厅时，小吏来请。”何涛道：“望押司千万作成。”宋江道：“理之当然，休说这等话。小吏到寒舍分拨了些家务便到，观察少坐一坐。”何涛道：“押司尊便，请治事。小弟只在此专等。”

宋江起身，出得阁儿，吩咐茶博士道：“那官人要再用茶，一发我还茶钱。”离了茶坊，飞也似跑到下处，先吩咐伴当去叫直司在茶坊门前伺候。若知县坐衙时，便可去茶坊安抚那公人道：“押司便来，叫他略待一待。”却自槽上鞁了马，牵出后门外去。宋江拿了鞭子，跳上马，慢慢地离了县治。出得东门，打上两鞭，那马不剌剌的望东溪村窜将去。没半个时辰，早到晁盖庄上。庄客见了，入去庄里报知。

且说晁盖正和吴用、公孙胜、刘唐在后园葡萄树下吃酒。此时三阮得了钱财，自回石碣村去了。晁盖见庄客报说宋押司在门前，晁盖问道："有多少人随从着？"庄客道："只独自一个飞马而来，说快要见保正。"晁盖道："必然有事。"慌忙出来迎接。宋江道了一个喏，携了晁盖手，便投侧边小房里来。晁盖问道："押司如何来的慌速？"宋江道："哥哥不知……如今黄泥冈事发了！白胜已供出你等六人，济州府差一个何缉捕来捉你等七人，道你为首……哥哥，三十六计，走为上计。若不快走，更待甚么，我回去引他当厅下了公文，知县不移时便差人连夜下来，你们不可担阁。"晁盖听罢，吃了一惊，道："贤弟，大恩难报。"宋江道："哥哥，你休要多说，只顾安排走路，不要缠障，我便回去也。"晁盖道："七个人，三个是阮小二、阮小五、阮小七，已得了财，自回石碣村去了；后面三个在这里，贤弟且见他一面。"宋江来到后园，晁盖指着道："这三位，一个是吴学究，一个公孙胜，一个刘唐。"宋江略讲一礼，回身便走，嘱咐道："哥哥保重，作急快走！兄弟走也。"

晁盖等人研究后，认为必须立即离开东溪村。吴用道："我已寻思在肚里了。如今已收拾五七担，一齐都走，奔石碣村三阮家里去。""石碣村那里，一步步迎去，便是梁山泊。如今山寨好不兴旺，官军捕盗，不敢正眼儿看他。若是赶得紧，我们一发入了伙！"后来梁山泊经过火并，晁盖成了寨主称雄。

再说宋江回到茶坊后，与何涛两个人入得衙门来，正值知县时文彬在厅上发落事务。拆开公文当厅看了大惊，随即派都头朱仝、雷横率人就夜去捉晁盖等人。到了东溪村，抓不到人，抛空而回。

《三国演义》战地礼茶分外香

《三国演义》是元末明初罗贯中所作。全书 120 回，描写了我国东汉末年和整个三国时代封建统治集团之间众多的矛盾和斗争，暴露了封建社会中政治斗争与军事斗争的曲折情节以及统治者的各种行径。全文结构宏大，人物众多，情节曲折。它把一般人不易看懂的正史《三国志》，改编为人们易看易懂的通俗小说，是我国历史小说中一部著名的作品。

我国是茶的故乡，也是茶文化的发源地。《三国演义》虽然处于当时封建统治集团之间相互混战的状况，但仍然离不开大自然赐予人们如同琼浆玉液的茶水的滋养。客来敬茶是我国几千年来民间的传统美德，这在《三国演义》中流传也很广泛。孔明、刘备、关羽、孙权等人物，他们在求贤选能、商议安邦定国之策、至亲好友相遇、延请名医治伤、举办婚姻大事以及隐者长老待客等重要时刻，主人对来宾都行献茶礼，真可谓“战地礼茶分外香”。

这表现在第三十七回“司马徽再荐名士，刘玄德三顾草庐”，刘备与孔明见面时，“少坐献茶”，茶飘清香，礼轻情重；第三十八回“定三方隆中决策，战长江孙氏报仇”，玄德与孔明谈论时“童子献茶”，香气独特，气氛和谐；第三十九回“荆州城公子三求计，博望坡军师初用兵”，孔明代刘备回拜刘琦，将其邀入后堂，行“茶罢”之礼；第五十二回“诸葛亮智辞鲁肃，赵子龙计取桂阳”，孔明令大开城门，接肃入衙，分宾主而坐，

“茶罢”设宴款待；第五十四回“吴国太佛寺看新郎，刘皇叔洞房续佳偶”，“礼毕坐定，茶罢”，是日留于馆舍；第七十五回“关云长刮骨疗毒，吕子明白衣渡江”，关公令华佗入，“礼毕，赐坐，茶罢”，手术后设酒席相待；第七十六回“徐公明大战沔水，关云长败走麦城”，关公接见诸葛瑾，相互见面时，“礼毕茶罢”，得知瑾奉吴侯命，特来劝谕时，即令左右逐出诸葛瑾；第八十九回“武乡侯四番用计，南蛮王五次遭擒”，有隐者于“庵中进柏子茶、松花茶以待孔明”。

从上述事例中可以看出，我国茶文化不仅博大精深，而且源远流长，在距今约 1 800 年的三国时代，饮茶之风已经盛行，而且作为一种礼仪流传于统治集团与广大民间。这在正史《三国志》中已有清楚记载，孙皓与韦曜以茶代酒的故事就是一例。吴王孙皓每次大宴群臣，座客至少得饮酒七升，虽然不完全喝进嘴里，也都要斟上并亮盏说干。当时有位名叫韦曜的官员酒力不过二升，孙皓对他特别优待，担心他不胜酒力出洋相，便暗中赐给他茶水来代替酒。该故事见《三国志·吴志·韦曜传》。

茶香亦自《金瓶梅》

本文参照的《金瓶梅》，是1991年2月齐鲁书社刊印的（明）兰陵笑笑生著、（清）张道深评的版本。全书100回，每回之首都有文字长短不一的评语，书中文墨精彩之处做了眉批点赞，对不健康、具有色情的内容，旁批注明删去了多少个字，全书删除10 385字。

“茶香亦自《金瓶梅》”，是在粗粗通读全书的基础上，从以下五方面佐证当时当地茶文化的现实状况。

《金瓶梅》中茶字（事）多

全书100回，除个别回数外，都出现“茶”字与茶事，全书提到“茶”字（事）的至少有550处。我国是最早栽培利用茶叶的国家，客来敬茶历来是传统美德和民间礼仪，《金瓶梅》同样不例外。它成书的年代为明代，我国茶兴于唐，盛于宋，当时饮茶之风盛行，于是书中就有吃茶、点茶、看茶、摆茶、待茶、递茶、捧茶、送茶、拿茶、奉茶、献茶等字和事。西门庆及其家族与朋友都嗜酒嗜茶。他本人每次外出回家，进门即高呼丫鬟书童“拿茶来”。在第五十一回中甚至大呼丫鬟春梅：“快快，你有茶倒瓯子我吃。”他家对亲朋好友上门，亦即吩咐下人“点茶”“上茶”“摆茶”“待茶”，若贵客来访则“让座递茶”，朝廷官员上门，则整衣冠迎客恭敬“献茶”，来客逗留时间长了，要“换一道茶”或“上第二盏茶”。他家即使是妻妾吴月娘、李娇儿、孟玉楼、孙雪娥、潘金莲、李瓶儿之间相互走动看望，进房亦即“奉茶”“递茶”。他家有专人司茶，不论来客或自家饮用的都是热茶。如第二十四回提到，有一日荆千户新升本处兵马都监拜访，众丫头连忙取茶果、茶匙，拿茶出去，西门庆要留住荆都监，荆都监走后，西门庆嫌茶冷，即追问茶是谁顿的，告诉月娘查厨下是那个奴才老婆子上灶的。西门庆饮茶不喜高雅清茶，而爱干鲜果、花卉配料的各种营养茶、香茶。如第三回提到王婆给他饮的是“胡桃松子茶”；第三十七回提到在冯妈妈家饮的是“胡桃夹盐笋泡的茶”；第七十一回在何千户家吃的是“姜茶”；第五十二回又提到饮茶时“记不起那里得香茶来”，旁人说：“杭州刘学官送了你。”这里所说的香茶，应该是今天的茉莉、珠兰窨制的花茶；第七十五回西门庆在玉楼房内命丫鬟“快顿好苦艳茶与你娘吃”。苦艳茶今称苦丁茶。西门庆家由于富有，遇到过节时节、仕途升迁、生儿育女等喜事，都要设前茶后酒的“茶宴”或“会茶”庆祝，并请戏子粉头、歌妓到场弹唱助兴。如第四十三回提到因爱妾李瓶儿生了儿子官哥，就在花园卷棚内摆设茶宴，“安放 4 张桌席摆茶，每桌上 40 碟各种茶果或细油酥”，请亲友来助兴庆祝。

《金瓶梅》中记录了两首咏茶词

宋词与唐诗、元曲，为我国文学史上三座瑰丽宝库。《金瓶梅》所处时代，宋词很受士大夫和民间文人喜爱，《金瓶梅》中人物也不例外。细读《金瓶梅》，每回之首以及文中都有诗词。其中最值得注意的是宋词“按词制调”“依调制词”的要求，书中记录了两首一边品茗饮酒取乐，一边吟诵的咏茶词。其中一首词牌是《朝天子》。第十二回记载，西门庆等7人，一次参加认他为干爹的李桂姐家的茶宴，每人面前放着一盏“馨香可掬”的细茶。正当西门庆搂着桂姐在怀中饮茶赔笑时，有个应伯爵，原是绸缎铺应员外二子，落了本钱，跌落下来，人称应花子，与西门庆第一个相契。他道：“我有个曲儿《朝天子》，单道这耍（指茶）的好处。”词曰：“这细嫩的嫩芽，生长在春风下。不揪不采叶儿楂，但煮着颜色大。绝品清奇，难描难画。口儿里常时呷：醉了时想他，醒来时爱他。原来一篓儿千金价。”词中对茶叶生长、采摘、烹煮以及品饮的感受都做了描述。可是当他念完词曲后，谢希大接上了，谢是清河卫千户官儿荫袭子孙，游手好闲，丢了前程，与西门庆也很合得来。他针对“一篓儿千金价”笑道：“大官人使钱费物，不图这‘一搂儿’却图些甚的。”掺了低级趣味的话。

另一首是第六十七回提到，一个下雪天，西门庆与应伯爵、应秀才等赏雪饮酒吟诗取乐，命歌妓王春鸿唱了南曲《驻马听》，词曰：“寒夜无茶，走向前村觅店家。这雪轻飘僧舍，密洒歌楼，遥阻归槎。江边乘兴探梅花，庭中欢赏烧银蜡，一望无涯，有似灞桥柳絮，满天飞下。”这词意义也很精彩，为当时文人士大夫富户赏雪时所喜爱。

吴月娘扫雪烹茶的故事

此节是《金瓶梅》中茶文化最精彩的一节，在第二十一回做了比较详细的记载。吴月娘是西门庆正房妻室，性情温柔，对西门庆百依百顺。但受潘金莲挑拨，致使西门庆长期不进月娘房，闹得相互不和。吴月娘自从与西门庆反目以来，每月吃斋三次，逢七拜斗，焚香，保佑夫君早早回心。这些西门庆都不知道。一天西门庆从院中归家，见月娘整衣出来，向天井的满炉清香，望空深深礼拜，祝道："妆身吴氏，作配西门，奈因夫主留恋烟花，中年无子。妆等妻妆六人，俱无所出，缺少坟前拜扫之人。妆夙夜忧心，恐无所托。是从发心每夜于星月之下，祝赞三光，要祈佑儿夫早早回心，弃却繁华，齐心家事。不拘妾等六人之中，早见嗣息，以为终身之计，乃妾之素愿也。"西门庆不听便罢，听了月娘这一篇言语，不觉满心惭感道："原来一向是我错恼了他，他一片都是为我的心，还是正经夫妻。"忍不住从粉壁前叉步走来，抱住月娘道："你一片好心，都是为我的，一向错见了，丢冷了你心，到今悔之晚矣！"于是夫妻重归于好。为此全家设酒席赏雪庆贺，西门庆与吴月娘居上坐。欢饮间，那雪初如柳絮，渐似鹅毛，后如乱舞梨花。吴月娘见雪下在粉壁间太湖石上甚厚，下席来，教小玉拿着茶罐，亲自扫雪，烹江南凤团雀舌芽茶与众人吃，正是"白玉壶中翻碧波，紫金杯内喷清香"。这里提到的"江南凤团雀舌芽茶"，以及书中多处提到的"芽茶"，应该是今杭州西湖龙井茶。《金瓶梅》中吴月娘扫雪烹茶这个故事，至今流传不衰。

《金瓶梅》中提到了茶具与茶俗语

茶具同样是值得欣赏的茶文化。北宋后期景德镇白瓷，以其白度和透光度闻名于世。《金瓶梅》中提到的茶具，应该是景德镇的白瓷，主要有杯、盅、盏、瓯、壶等。

茶杯，主要是盛茶用。

茶盅，饮茶用的小杯。

茶盏，即杯，是浅而小的杯。

茶瓯，大小如盏，盛茶汤用。

茶壶，盛茶汤用，深腹，敛口。

另与以上茶具配套的还有：

茶托，承托茶器皿的座子。

茶罐，圆形，盛茶叶器具。

茶盆，锡制为佳，大坛中取出分用，用尽再取。

茶匙，舀取茶水的小勺。

茶盒，龟形，贮茶器，大小不一，唐为宫廷用。西门庆将茶盒连同牙贴儿随带裤袋。李瓶儿房中亦有茶盒。潘金莲房中茶盒在贮茶同时，还放金银珠宝。

茶俗语亦称茶俗话，是以“茶”字开头流行于民间带有方言性的俗语。下面记录《金瓶梅》中的几则茶俗语。

茶前酒后。（见第八回）意为茶前饭后的空闲休息时间。

茶饭慵思。（见第十二回）意为茶饭懒得吃。

茶饭懒咽。（见第八十五回）意与前同。

茶饭顿减。（见第五十三回）意为茶饭量减少。

茶饭不吃。（见第二十六回）意为茶和饭都不吃。

茶汤已罢。（见第九十二回）意为已喝过茶汤。

茶汤换罢。（见第七十二回）意为茶汤已经换起。

茶食点心。（见第八十六回）意为饮茶时的糕点。

茶烹玉蕊。（见第七十二回）意为烹茶时散发的香味。

对书中两句涉茶俗语的评论与感悟

《金瓶梅》书中第三回、第十四回和第八十二回，都提到“风流茶说合，酒是色媒人”。这两句与茶酒有关的俗语，与我国历代民间对茶酒的评价，特别是对茶的评价有悖。唐著名诗人杜牧称：“茶称瑞草魁。”著名诗茶道士施肩吾称：“茶为涤烦子，酒为忘忧君。”宋著名诗人苏东坡称：“从来佳茗似佳人。”自古民间广泛流传的是“茶可清心”“茶可雅志”。饮茶既是“艺术欣赏”，又是“精神享受”。还有“茶酒不分家”等俗语，都说明茶是中华民族好客的优良传统。所以我们在领会《金瓶梅》中这两句俗语的精神实质时，应该明确它是在一定的场合与时间地点有所指的。第三回、第十四回提到的是专指当时开茶坊的王婆撮合西门庆与潘金莲的奸情时说的。第八十二回所提是针对西门庆女婿陈敬济与潘金莲奸情所说的。他们皆酒色之徒，以上俗语都不具备普遍意义，不包括对所有茶人酒客的评价。这里还要注意一点，书中提到的茶坊，不能与王婆藏垢纳污的茶坊混为一谈。当时各地特别是清河街头巷尾出现的茶坊，也称茶肆，是为过路行人客商提供茶水服务和文明高尚社交活动的场所，说明茶在当时已经成为一种产业，实行产业化经营，这促进了茶业与茶文化的繁荣。

至于“酒是色媒人”的说法，《金瓶梅》中也是有针对性的，不能与所有嗜酒者混为一谈。我国历来认为酒有两重性，它既具提神解乏的功能，但也能乱性，酒后会说不应该说的话，会做不应该做的事，故有“酒生祸端”“免酒免罪”的说法。联系当今社会的实际，随着机械汽车特别是自备轿车普及城乡，应该说“酒是祸媒人”。“醉驾”是引发车祸的罪魁祸首。所以政府严肃告诫“喝酒不开车”“开车不喝酒”，把“醉驾”纳入法制管理，犯严重车祸的肇事者，负民事刑事责任。

另外，《金瓶梅》中，至少有40次提到金华酒。西门庆家不仅常饮的是金华酒，还把金华酒作为馈赠上司亲友的礼品。如第七十回提到，当地何天泉新升千户，夏龙溪升指挥别驾，西门庆除各送绸缎锦袍外，还送金华酒各四坛，这说明金华酒（今称寿生酒）在宋代乃至更早年代，已经是大江南北的传统名酒。好酒还要有好的品牌引领，我们必须把比金华火腿更早的传统名产，金华酒的品牌，进一步做强做大，争取使其在国内外享有更高的声誉。

《西厢记》茶韵高雅芬芳

《西厢记》与其他古典名著一样，茶文化内容丰富，主要是“普救寺禅茶味中有味，张珙理丝桐弦外有音，崔莺莺西厢心领神会，孙彪贼围寺欲掳莺莺，崔示解围者以身相许，张生函故友蒲将驰援，寺僧人冒死将书送达，蒲将解寺围婚姻确定，老夫人赖婚事生变故，红娘巧传情茶饭完姻。”

《西厢记》全名《崔莺莺待月西厢记》，为杂剧剧本，元王实甫作。书中写书生张珙在河中府普救寺遇崔相国女崔莺莺，两人情投意合，得丫鬟红娘协助，终于结成眷属。该杂剧剧本是在过去多种传奇小说基础上编写而成。全剧共分五本二十一折，文辞优美生动，在戏曲文学史上影响深远。

该剧剧情的大意是，亡故礼部尚书之子张珙（字君瑞），上京赴考路经蒲州，以“茶汤”之酬寄居普救寺，长老以茶礼相待。（崔相国）时因病告殂，相国夫人偕女崔莺莺扶灵柩归里安葬，路途受阻，亦寓普救寺西厢。贼将孙飞虎闻此讯，统领五千兵马包围普救寺，欲掳倾国倾城的莺莺为妻，崔夫人惶恐无托，依莺莺不论何人杀退贼军，愿与英雄结为婚姻。寺长老在法堂高叫此举。时有张珙与官拜征西大元帅统领十万兵马镇守蒲关的杜确，乃同郡同学八拜之交，毅然由僧送书与杜确，以强大兵马解了困寺之危。崔夫人原已将莺莺许配侄儿郑恒，遂推翻承诺提出男女以兄妹相称。因此引发张生病害相思，后由红娘传情，引出来鸿去雁复杂的男女私会故事。

张生赴考中了状元，有情人终成眷属。

茶文化推动剧情由浅入深发展，主要表现在以下三方面：

第一，《西厢记》中多次提到“茶饭少进”“茶饭不思”等民间广泛流传的茶俗语。如第二本第一折，莺莺自见了张生，神魂荡漾，情思不快，茶饭少进，恹恹瘦损，早是伤神。当听到张生弹一曲《凤求凰》，深感其词哀，其意切，凄凄然如鹤唳天，香消了六朝金粉，清减了三楚精神。第三本第三折，张生见莺莺后，不思茶饭，废寝忘食，写了五言诗一首：“相思恨转添，谩把瑶琴弄。乐事又逢春，芳心尔亦动。此情不可违，芳誉何须基。莫负月华明，且怜花影重。”托红娘送到，小姐不但拒绝，还批评红娘，问这东西哪里来的，但心中深表同感。

第二，剧本第三本第一、二、三折，提到老夫人赖婚，备茶酒小酌报礼，要男女双方以兄妹相称。张生因此面颜瘦得难看，废寝忘食，黄昏清旦，望东淹泪眼。张生深感相会少，见面难，月暗西厢，风云秦楼，云欲巫山。红娘奔走于张生、莺莺之间传书寄件，感觉两下里做人难。莺莺命红娘描笔过来：“我写将去回他，着他下次休是这般。你将去说：‘小姐看望先生，相待兄妹之礼如此，非有他意。’”红娘云：“那生当我回报，我须索走一遭。”对张生说：“小姐回你的书。”张生云：“早知小姐简至，理合远接，接待不及，勿会见罪。”并云“书中之意，着我今夜花园里来，和他哩也波哩也啰哩”，即如此这般之意。红娘云：“你读书我听。”张生云：“待月西厢下，迎风户半开，隔墙花影动，疑是玉人来。”此后，张生跳墙潜身曲槛边。莺莺却问是谁，并责问张生你是何等之人，我在这里烧香，你无故至此，并呼红娘有贼。红娘边云：“你既读孔圣之书，必达周公之礼，黑夜来此何干。”从此张生病体日笃，不思量茶饭。莺莺得知复写一篇，唤红娘将去于他。书云：“休将闲事苦萦怀，取次摧残天赋才，不意当时完妾命，岂防今日作君灾。仰图厚德难从礼，谨奉新诗可当媒。寄语高唐休咏赋，今宵端的云雨来。”真是花有清香月有阴，春宵一刻值千金。张生云：“今夜成了事，小生不敢忘。”

第三，《西厢记》中多次提到“茶饭”一词，特别在最后的第五本第四折还提到“茶饭”。我国古今所说的“茶饭”，不仅是指饮茶吃饭，更重要的是一种喜事的礼仪。第四本第三折，张生上京赴考后，普救寺长老准备买《登科录》看，对小姐、红娘、夫人说：“张生得中，我做亲的茶饭少不得贫僧的。”张生得中头名状元授河中府后，剧本最后一节，郑恒认为“妻子空争不到头，风流自古恋风流。三寸气在百般用，一日无常万事休”，即在一棵树上触树身死。此时老夫人说：“俺不曾逼死他，我是他亲姑娘，他又无父母，我做主葬了者。并着莺莺出来，今日做个庆喜的茶饭，着他两口儿成合者。”随后记《清江引》一首：“谢当今盛明唐圣主，敕赐为夫妇，永老无别离，万古常完聚，愿普天下有情的都成了眷属。”

注：《西厢记》具有独特的语言风格。《红楼梦》第四十六回中提到林黛玉读该书“不顿饭时，将全文俱已看完”，还觉词句警人，余香满口。

《红楼梦》里茶清香

清代曹雪芹著的《红楼梦》，全书120回，涉及茶事的共有270多处，其中还有咏茶联句和诗词。有人说，一部《红楼梦》，满纸茶清香，说得很恰当，不过分。

茶为国饮，我国历来是“礼仪之邦”，一贯重视礼仪，客来敬茶自古以来就是社会传统的民俗礼仪。《红楼梦》中贾府（荣国府）的大观园里，贾母、贾政、王夫人、王熙凤、贾宝玉、林黛玉等，都有饮茶的习惯，其中许多回有献茶、奉茶、吃茶、喝茶、沏茶、看茶、倒茶、留茶、让茶等礼仪，这些茶事在不同场合，对人对事称呼各不相同。对宫廷官府来人称“献茶”或“奉茶”。在第十八回“庆元宵贾元春归省”中，有“茶已三献，贾妃降座，乐止”的记载，说明贾妃归省，先后有三次献茶。“秦可卿逝后首七第四日，宫内相戴权……坐了大轿，打伞鸣锣，亲来上祭，贾政忙接着，让至逗峰轩献茶”，这个场合也称献茶。贾府大观园内晚辈对贾母等长辈上茶也称献茶。至于园内姐妹们（宝玉是唯一的男性）相互往来则称吃茶、喝茶、看茶、上茶、倒茶等。如第二十六回“贾芸在宝玉房中，袭人端了茶来，贾芸便忙站起来笑道：‘姐姐怎么替我倒起茶来……’一面说一面坐下吃茶”。《红楼梦》中贾府因事待客，根据来客和来意，除茶礼外，有时还备酒席款待，酒后饮茶。第二十六回薛蟠庆五月初三生日，请詹光、程日兴等唱曲儿的，彼此见过，“吃毕茶，薛蟠即命人摆酒来……正说着，小厮来回冯大爷来了。宝玉便知是神武将军冯唐之子冯小英来了。薛蟠众人见他吃完了茶，都说道请入席，有话请慢慢的说”，酒后又饮茶，用意是消食解油腻。

读过《红楼梦》的人，都会有一个深刻的印象，就是贾府大观园中人对茶的品种是很有研究的。第四十一回“栊翠庵茶品梅花雪，怡红院劫遇母蝗虫”中提道：“当下贾母等吃过茶，又带了刘姥姥至栊翠庵来，妙玉忙接了过去……贾母道：‘我们这里坐坐，你把好茶拿来。’只见妙玉亲自捧了一个海棠式雕漆填金云龙献寿的小茶盘，里面放一个成窑五彩小盖钟，捧与贾母，贾母道：‘我不吃六安茶。’妙玉笑道：‘知道，这是老君眉。’贾母接了，又问是什么水，妙玉笑回是旧年蠲的雨水。贾母便吃了半盏。”这里不禁要问贾母为什么不吃六安茶，而选用老君眉。懂茶的人都知道，六安瓜片是绿茶，而老君眉是白茶。白茶属轻发酵茶，比绿茶味道淡，贾母当时宴请刘姥姥，吃了些酒肉，要消食化积，白茶清热消食的作用比绿茶更强些。再说老君眉是产于岳阳洞庭湖心小岛的君山银针茶，这种茶制一斤需 2.5 万个芽头，岁贡仅 18 斤，只有皇亲国戚能喝到这种茶。大观园的姐妹们，对吃茶的方式方法以及用水也很有研究。特别是栊翠庵年方二九美貌异常的妙玉，更有研究，她泡茶用的水是收梅花上的雪，埋在地下夏天才开启的雪水。当宝玉要喝一个竹根大盏的一海茶时，妙玉说：“岂不闻一杯为品，二杯即是解渴的蠢物，三杯便是饮牛饮骡了。”宝玉经她这么一说，由妙玉执壶，只吃了一杯，并觉轻浮无比，赞赏不绝。其实，茶人要把吃茶看作一种艺术的欣赏、精神的享受，要在“品”字上下功夫，这是我国传承两千年的茶文化。正如鲁迅所说：“有好茶喝，会喝好茶，是一种清福。”

《红楼梦》书中经常有“吃茶”的场景，对于“吃茶”一词，在我国传统礼节中，是婚姻礼节“订婚”的别称。八婺浦江一带至今仍然流行订婚“吃茶”礼。“吃茶”礼事先由男方托媒人到女方提亲，男女双方有共同意愿并谈妥有关“聘礼”“陪嫁”等条件后，择日确定“吃茶”。“吃茶”后，在原则上婚姻就定下来了。对于订婚“吃茶”礼，《红楼梦》第二十五回中，有如下一段风趣的对话。凤姐问黛玉道：“前儿我打发丫头送了两瓶茶叶给姑娘，可还好吗？”黛玉笑道：“我还忘了，多谢你想着。”凤姐道：“那是暹罗国进贡的。我尝着没趣儿，还不如我们每常喝的呢。”黛玉道：“我吃着却好。”凤姐笑道：“你既吃了我们家的茶，怎么还不给我们家作媳妇儿？”众人都大笑起来，黛玉涨红了脸，回过头去，一声儿不言语。

《红楼梦》中，茶又用来祭奠。第七十八回在晴雯死后，宝玉读毕《芙蓉女儿诔》祭奠文辞后，便焚香酌茗，祝祭亡人，以茶茗作为寄托的情思。第八十九回宝玉见物伤感，在晴雯住过的那间房里，口祝笔写“怡红主人焚付晴姐知之，酌茗清香，庶几来飨！”

旧时日常生活中洗漱没有牙刷。贾府和大观园的姐妹，在睡眠初醒和饭后都有以茶漱口的习惯。《红楼梦》第三回，林黛玉随父进京都时，对漱口是这样描绘的。“饭毕后，各有丫鬟用小茶盘捧上茶来。当日林如海教女以惜福养身，云饭后务待饭粒咽尽，过一时再吃茶，方不伤脾胃。今黛玉见这里许多事情不合家中之式，不得不随的，少不得一一改过来，因而接了茶。早有人又捧过漱盂来，黛玉也照样漱了口。盥洗毕，又捧上茶来，这方是吃的茶。”第五十一回中以茶洗漱的描写更生动。宝玉睡梦初醒要吃茶。麝月把宝玉披着起夜的一件貂颏满襟暖袄披上，下去向盆内洗手，先倒了一盅温水，拿了大漱盂，宝玉漱了一口；然后才向茶格上取了茶碗，先用温水过了，向暖壶中倒了半碗茶，递于宝玉吃了；自己也漱了一漱，吃了半碗。

唐茶圣陆羽所撰的《茶经》分上、中、下三卷，共十节。第四节“茶之器”，内容包括烹茶、品饮的二十四器，即茶具。大观园人用的茶具，从第四十一回中可以得知有小茶盘、小盖盅、白盖碗、绿玉斗、竹根大盏、玉质酒杯、点犀杯、花瓮等九种茶具珍品。《红楼梦》中经常使用的茶具是盖碗。第五十五回中有“侍书、素云、莺儿三个，每人用茶盘捧了三盖碗茶进去”的情节。盖碗是江西景德镇瓷器，创新于明代，沿用到现代，由茶碗、碗盖、碗托三部分组成，象征着天地人三才，碗盖为天，碗托为地，茶碗为人。盖碗是茶、水、人三者融合的天地。人们用盖碗饮茶，称为三才合一，意为天地人和，事事相通，结局满意。鲁迅认为用盖碗泡茶，色清百味甘，微香而小苦，确实是好茶。

《红楼梦》在艺术上的伟大成就，是写出了大观园里姐妹们充满青春的笑和泪、爱和恨，茶酒和诗词，虽然有限，但情真意切，含蕴无穷。第三十七回偶结海棠社，第三十八回魁夺菊花诗。海棠诗和菊花诗都叫人吟不倦，拍案叫妙。《红楼梦》里以茶入诗，风格独特。第十七回贾宝玉为“有凤来仪”即潇湘馆题的对联是“宝鼎茶闲烟尚绿，幽窗棋罢指犹凉”。读这联语，潇湘妃子的形象犹在目前。第二十三回中贾宝玉的《四时即事》咏茶诗（三首写到品茶），写的都是真情真景。

《四时即事》之《春夜即事》：

霞绡云幄任铺陈，隔巷蟆更听未真，枕上轻寒窗外雨，眼前春色梦中人。盈盈烛泪因谁泣，点点花愁为我嗔。自是小鬟娇懒惯，拥衾不耐笑言频。

《四时即事》之《夏夜即事》：

倦绣佳人幽梦长，金笼鹦鹉唤茶汤。窗明麝月开宫镜，室霭檀云品御香。琥珀杯倾荷露滑，玻璃槛纳柳风凉。水亭处处齐纨动，帘卷朱楼罢晚妆。

《四时即事》之《秋夜即事》：

绛云轩里绝喧哗，桂魄流光浸茜纱。苔锁石纹容睡鹤，井飘桐露湿栖鸦。抱衾婢至舒金凤，倚槛人归落翠花。静夜不眠因酒渴，沉烟重拨索烹茶。

《四时即事》之《冬夜即事》：

梅魄竹梦已三更，锦罽鹴衾睡未成。松影一庭惟见鹤，梨花满地不闻莺。女郎翠袖诗怀冷，公子金貂酒力轻。

却喜侍儿知试茗，扫将新雪及时烹。

在荣国府，侍儿也懂得寒夜煮雪烹茶。第七十六回，在寂寞秋夜，黛玉、湘云相对联句，情调凄清，犹如寒虫悲鸣。后来妙玉听到截住，遂三人同至栊翠庵烹茶。由妙玉续完十三韵，其中有句：芳情只自遣，雅趣向谁言！彻旦休云倦，烹茶更细论。妙玉以茶自喻，表现了洁身自恃、处世不凡的性格。

更值得一提的是，茶是人临终诀别的饮品。第一百零九回史太君贾母，在 83 岁寿终正寝前，眼睁睁地要喝茶。邢夫人进了一杯参汤。贾母刚用嘴接着喝，便道："不要这个，倒一盅茶来我喝。"众人不敢违拗，即刻送上来，一口喝了，还要，又喝一口，还说："我喝了口水，心里好些。"竟坐了起来，说了一阵话，脸变笑容，竟是去了。另外，《红楼梦》中，丫鬟书童起名，也取之有据。这里只说宝玉的书童原名茗烟，宝玉嫌"烟"字俗气，后改名焙茗了。

聊斋茶清香　故事异闻多

——读蒲松龄《聊斋志异》茶事有感

《聊斋志异》是清代文学家蒲松龄的文言短篇小说集。蒲松龄（1640—1715），字留仙，一字剑臣，别号柳泉居士，世称聊斋先生，山东淄川（今淄博）人。他一生刻苦好学，但始终没有考中举人，到71岁始成贡生，长期在家做塾师度日，终身郁郁不得志，以谈狐说鬼的表现方式，对当时社会黑暗进行批判，把一生的心血寄托在《聊斋志异》的创作上。康熙十八年（1679），这部小说初具规模，到其暮年才成孤愤之书。

《聊斋志异》中的故事来源十分广泛。有蒲松龄的亲身见闻，还有很多出自民间传说。他为了收集更多的故事，在自己蒲家庄大路口之大树下，摆设了一个凉茶摊，供行人歇脚聊天，免费供应大碗茶，征集四方奇闻逸事。但他的茶摊立有一条“规矩”，哪位行人只要说出一个故事，他就记录下来，茶钱分文不取。于是很多行人大谈异事怪闻，其中也有一些人说不出什么故事，但口渴难熬就胡乱编造故事，蒲松龄也一一笑纳，茶钱照例不收。

《聊斋志异》共12卷，收集了各类狐鬼故事，其中“聂小倩”发生在金华西北郊兰若寺（后改西峰寺），还有“胭脂”“画皮”等故事，人们很熟悉。这里抄录了原稿本中的另几个故事。

《秦生》：莱州秦生，制药酒，误投毒味，未忍倾弃，封而置之。积年余，夜适思饮，而无所得酒。忽忆所藏，启封嗅之，芳烈喷溢，肠痒涎流，不可制止。取盏将尝，妻苦劝谏。生笑曰：“快饮而死，胜于馋渴而死多矣。”一盏既尽，倒瓶再斟。妻覆其瓶，满屋流溢。生伏地而牛饮之。少时，腹痛口噤，中夜而卒。妻号，为备棺木，行入殓。次夜，忽有美人入，身长不满三尺，径就灵寝，以瓯水灌之，豁然顿苏。叩而诘之，曰：“我狐仙也。适丈夫入陈家，窃酒醉死，往救而归。偶过君家，彼怜君子与己同病，故使妾以余药活之也。”言讫，不见。

《三朝元老》：某中堂，故明相也。曾降流寇，世论非之。老归林下，享堂落成，数人直宿其中。天明，见堂上一匾云：“三朝元老。”一联云：“一二三四五六七，孝悌忠信礼义廉。”不知何时所悬。怪之，不解其义。或测之云：“首句隐亡八，次句隐无耻也。”

《衢州三怪》：张握仲从戎衢州，言：“衢州夜静时，人莫敢独行。钟楼上有鬼，头上一角，象貌狞恶，闻人行声即下。人驰而奔，鬼亦遂去。然见之辄病，且多死者。又城中一塘，夜出白布一匹，如匹练横地。过者拾之，即卷入水。又有鸭鬼，夜既静，塘边并寂无一物，若闻鸭声，人即病。”

《秦桧》：青州冯中堂家，杀一豕，燖去毛鬣，肉内有字云：“秦桧七世身。”烹而啖之，其肉臭恶，因投诸犬。呜呼！桧之肉，恐犬亦不当食之矣！

《曹操冢》：许城外有河水汹涌，近崖深黯。盛夏时有人入浴，忽然若被刀斧，尸断浮出；后一人亦如之。转相惊怪。邑宰闻之，遣多人闸断上流，竭其水。见崖下有深洞，中置转轮，轮上排利刃如霜。去轮攻入，中有小碑，字皆汉篆。细视之，则曹孟德墓也。破棺散骨，所殉金宝尽取之。

异史氏曰：“后贤诗云：‘尽掘七十二疑冢，必有一冢葬君尸。’宁知竟在七十二家之外乎？奸哉瞒也！然千余年而朽骨不保，变诈亦复何益？呜呼！瞒之智，正瞒之愚耳！”

《瓜异》：康熙二十六年六月，邑西村民圃中，黄瓜上复生蔓，结西瓜一枚，大如碗。

注：在瓜果嫁接、人工授粉技术尚未发明之前，黄瓜蔓上结西瓜亦异事也。

《聊斋志异》中与茶文化有关的狐鬼故事，为数不多，但皆异闻怪事，今录三则如下。

《三生》：刘孝廉，能记前身事。自言一世为搢绅，行多玷。六十二岁而殁，初见冥王，待以乡先生礼，赐坐，饮以茶。觑冥王盏中，茶色清彻；己盏中，浊如醪。暗疑迷魂汤得勿此耶？乘冥王他顾，以盏就案角泻之，伪为尽者。俄顷，稽前生恶录；怒，命群鬼捽下，罚作马……主人骑，必覆障泥，缓辔徐徐，犹不甚苦；惟奴仆圉人，不加鞯装以行，两踝夹击，痛彻心腑。于是愤甚，三日不食，遂死。至冥司，冥王查其罚期未满，责其规避，剥其皮革，罚为犬……为犬经年，常忿欲死，又恐罪其规避。而主人又豢养，不肯戮。乃故啮主人，脱股肉。主人怒，杖杀之。冥王……笞数百，俾作蛇。囚于幽室，暗不见天……自视，则伏身茂草……一日，卧草中，闻车过，遽出当路；车驰压之，断为两……冥王以无罪见杀，原之，准其满限复为人，是为刘公。公生而能言，文章书史，过辄成诵。辛酉举孝廉……

《河间生》：河间某生，场中积麦穰如丘，家人日取为薪，洞之。有狐居其中，常与主人相见，老翁也。一日，屈主人饮，拱生入洞，生难之，强而后入。入则廊舍华好。即坐，茶酒香烈。但日色苍皇，不辨中夕。筵罢既出，景物俱杳。翁每夜往夙归，人莫能迹。问之，则言友朋招饮。生请与俱，翁不可；固清之，翁始诺。挽生臂，疾如乘风，可炊黍时，至一城市。入酒肆，见坐客良多，聚饮颇哗，乃引生登楼上。下视饮者，几案柈餐，可以指数。翁自下楼，任意取案上酒果，抔来供生。筵中人曾莫之禁。移时，生视一朱衣人前列金橘，命翁取之。翁曰："此正人，不可近。"生默念：狐与我游，必我邪也。自今以往，我必正！方一注想，觉身不自主，眩堕楼下。饮者大骇，相哗以妖。生仰视，竟非楼，乃梁间耳。以实告众。众审其情确，赠而遣之。问其处，乃鱼台，去河间千里云。

《水莽草》：水莽，毒草也。蔓生似葛；花紫，类扁豆。食之，立死，即为水莽鬼。俗传此鬼不得轮回，必再有毒死者，始代之。以故楚中桃花江一带，此鬼尤多云。楚人以同岁生者为同年，投刺相谒，呼庚兄庚弟，子侄呼庚伯，习俗然也。有祝生造其同年某，中途燥渴思饮。俄见道旁一媪，张棚施饮，趋之。媪承迎入棚，给奉甚殷。嗅之有异味，不类茶茗。置不饮，起而出。媪急止客，便唤："三娘，可将好茶一杯来。"俄有少女，捧茶自棚后出。年约十四五，姿容艳绝，指环臂钏，晶莹鉴影。生受盏神驰，嗅其茶，芳烈无伦，吸尽复索。觑媪出，戏捉纤腕，脱指环一枚。女赪颊微笑，生益惑。略诘门户。女云："郎暮来，妾犹在此也。"生求茶叶一撮，并藏指环而去，至同年家，觉心头作恶，疑茶为患，以情告某。某骇曰："殆矣！此水莽鬼也！先君死于是，是不可救，且为奈何？"生大惧，出茶叶验之，真水莽草也。又出指环，兼述女子情状。某悬想曰："此必寇三娘也！”生以其名确符，问：“何故知？”曰：“南村富室寇氏女，夙有艳名。数年前，食水莽而死，必此为魅。”或言受魅者，若知鬼姓氏，求其故裆，煮服可痊。某急诣寇所，实告以情，长跪哀恳。寇以其将代女死，故靳不与。某忿而返，以告生。生亦切齿恨之，曰：“我死，必不令彼女脱生！”某舁送之，将至家门而卒。母号涕葬之。遗一子，甫周岁。妻不能守柏舟节，半年改醮去。母留孤自哺，劬瘁不堪，朝夕悲啼。一日，方抱儿哭室中，生悄然忽入。母大骇，挥涕问之。答云：“儿地下闻母哭，甚怆于怀，故来奉晨昏耳。儿虽死，已有家室，即同来分母劳，母其勿悲。”母问：“儿妇何人？”曰：“寇氏坐听儿死，儿甚恨之。死后欲寻三娘，而不知其处；近遇某庚伯，始相指示。儿往，则三娘已投生任侍郎家；儿驰去，强捉之来。今为儿妇，亦相得，颇无苦。”移时，门外一女子入，华妆艳丽，伏地拜母。生曰：“此寇三娘也。”……寇亦时招归宁……村中有中水莽毒者，死而复苏，相传为异……

《儒林外史》三个涉茶故事

《儒林外史》是清代小说家吴敬梓（1701—1754）创作的长篇讽刺小说。它以辛辣的笔墨揭露雍正、乾隆年间科举制度、政治制度的腐败。其中涉及茶事的内容比较多，今录三段如下。

秦淮河船上煨茶

这是《儒林外史》第四十一回的一段内容："话说南京城里，每年四月半后，秦淮景致，渐渐好了。那外江的船，都下掉了楼子，换上凉篷，撑了进来。船舱中间，放一张小方金漆桌子，桌上摆着宜兴沙壶，极细的成窑、宣窑的杯子，烹的上好的雨水毛尖茶。那游船的备了酒和肴馔及果碟到这河里来游，就是走路的人也买几个钱的毛尖茶，在船上煨了吃，慢慢而行。到天色晚了，每船两盏明角灯，映着河里，上下明亮……夜夜笙歌不绝……直到四更时才歇。"

成老爹以茶代饭

这是《儒林外史》第四十七回中的一个涉茶故事，写的是五河县兴贩行的行头成老爹，趋炎附势，口离不开乡绅，却看不起世家出身饱学秀才虞华轩。虞华轩愤世嫉俗，对成老爹等势利小人深恶痛绝，便设了个圈套，假说方乡绅第二天要请成老爹吃饭，成老爹信以为真，一大早就赶到方家，方老六陪他吃了两道茶，聊了一会闲话，却不见客来，也没有请他吃饭的意思，只得辞别。成老爹反复想道，“莫不是我太来早了”，又想“莫不是我看错了帖子”，猜疑不定。心里又想，虞华轩家有现成酒饭，且到他家去吃再处。于是一直走回虞家。虞华轩在书房里摆着桌子正与唐三痰、姚老五和两个本家，摆着五六碗滚热的肴馔，正吃得快活处。见成老爹进来，便道：“成老爹偏背了我们，吃了方家的好东西，好快活呀！”便叫：“快拿椅子给成老爹坐，泡上消食的陈茶与成老爹吃。”小厮远远放了一张椅子请成老爹坐了。那盖碗陈茶左一碗、右一碗送来给成老爹。成老爹越吃越饿，肚里有说不出的苦。看见他们大块肥肉、鸭子、脚鱼，夹起往嘴里送，气得火在门顶里直冒。他们一直吃到晚，成老爹一直饿到晚，等他送了客，客都散了。只得悄悄走到管家房里要了一碗炒米泡了吃，进房睡下，在床上气了一夜。

画家盖宽卖茶

书见《儒林外史》第五十五回。说的是盖宽，品行高尚，洁身自好，视金钱如粪土，对所有人都不分你我，慷慨大方。他曾是当铺老板，又有田地，但因天灾人祸渐渐陷入贫穷窘迫境地，到头来只得携儿带女寻了两间房子开茶馆。盖宽年轻时喜欢作诗读书，又画得几笔好画。开了茶馆依旧不改本色。他清早起来，自己生火煽着了，把水倒入壶子里放着，依旧坐在柜台里看诗作画。柜台上放着一个瓶，插着时新花朵，瓶边放着许多古书。他家各样值钱的东西都变卖尽了，只有这几本心爱古书舍不得卖，人来坐着吃茶，他看着书来拿茶壶、茶杯。茶馆的利钱有限，一壶茶只赚得一个钱。除去柴火，还做得什么事。盖宽卖了几年茶后，有户人家出了八两银子束修，请他到教馆做教书先生了。

附：马二先生杭州问茶　摘录《儒林外史》第十四回

马二先生即处州人马纯上，他是庠生补廪二十四年的廪生，从处州来到杭州后，在文海楼住了几日。一天腰里带了几个钱，步出钱塘门，独自一个到西湖走走。西湖是天下第一真山真水的景致。且不说那灵隐的幽深，天竺的清雅。他在湖沿上牌楼跟前坐下。望着那些卖酒的青帘高扬，卖茶的红炭满炉，士女游人，络绎不绝，真不数“三十六家花酒店、七十二座管弦楼”。马二先生走进一个酒店，十六个钱吃了一碗面。肚里不饱，又走到间壁一个茶室吃了一碗茶，买了二个钱处片（处州的笋干）嚼嚼倒觉得有些滋味。

马二先生问一走路的“前面还有好玩的所在？”那人道：“净慈雷峰怎么不好玩。”马二先生从桥上走过去，门口也是个茶室，吃了一碗茶。旁边有个花园，卖茶的人说是布政司房里的人在此请客，不好进去。但厨房却在外面，那热汤汤的燕窝、海参，一碗碗在跟前捧过去，马二先生羡慕了一番。

过了雷峰，远远望见“敕赐净慈禅寺”。前前后后跑了一圈，又出来坐在那茶亭内，吃了一碗茶。对柜上摆着橘饼、芝麻糖、粽子、烧饼等，每样买了几个钱的。不论好歹，吃了一饱。马二先生也倦了，跑进清波门，到了下处关门睡了。因为走多了，在下处睡了一天。

第三日要到城隍山走走，城隍山是吴山，看见一个大庙门前卖茶，吃了一碗。进去见是吴相国伍公之庙。转过两个弯，空空阔阔，一眼隐隐望得见钱塘江。那房子也有卖酒的，也有卖茶的，也有测字算命的。单是卖茶的就有三十多处，十分热闹。马二先生见茶铺里一个油头粉面的女人招呼他吃茶，就到间壁一个茶室泡了一碗茶，吃了蓑衣饼，觉得有些意思。走上去一个大庙，便是城隍庙，瞻仰了一番。

过了城隍庙，又是一个湾，一条小街。那日钱江上无风、水平如镜，过江的船都看得明白。马二先生两脚酸了，且坐吃茶。吃着，遥见隔江的山，高高低低，忽隐忽现。马二先生叹道：“真乃载华岳而不重，振河海而不泄，万物载焉！”吃了两碗茶，肚里正饿，恰好一个乡里人捧着许多烫面薄饼来卖，马二先生买了几十文饼和牛肉，就在茶桌上尽兴一吃。吃得饱了，自思趁着饱再走上去……

上述问茶虽然点点滴滴不很全面，但足可以说明清代乾隆年间杭州饮茶之风，茶馆之盛，茶客云集的壮观场面。

《老残游记》精彩的茶故事

——高山野生茶配山顶清泉水可谓茶中极品

《老残游记》为清末刘鹗所著。它与晚清同类小说相较，不仅在艺术上具有卓越的成就，在茶文化方面，虽然只有一段，寥寥几行字，但独具一格，高山野生茶配山顶清泉水，称得上是茶中之极品，茶文化之精华，也体现着无茶不成书。

以下这段话写在该书第九回“一客吟诗负手面壁，三人品茗促膝谈心”中，原文是：

话言未了，苍头送上茶来，是两个旧瓷茶碗，淡绿色的茶，才放在桌上，清香已竟扑鼻。只见那女子接过茶来，漱了一回口，又漱一回，都吐向炕池之内去，笑道：“今日无端谈到道学先生，令我腐臭之气，沾污牙齿，此后只许谈风月矣。”子平连声诺诺，却端起茶碗，呷了一口，觉得清爽异常，咽下喉去，觉得一直清到胃脘里，那舌根左右，津液汩汩价翻上来，又香又甜，连喝两口，似乎那香气又从口中反窜到鼻子上去，说不出来的好受，问道：“这是什么茶叶？为何这么好吃？”女子道：“茶叶也无甚出奇，不过本山上出的野茶，所以味是厚的。却亏了这水，是汲的东山顶上的泉。泉水的味，愈高愈美。又是用松花作柴，沙瓶煎的。

三合其美，所以好了。尊处吃的都是外间卖的茶叶，无非种茶，其味必薄；又加以水火俱不得法，味道自然差的。”

上述一段话，画龙点睛地说明一杯极品茶，除用沙陶瓶和松花柴烹煮外，主要在于高山野生茶配山顶清泉水。

高山野生茶，生长于高山荒坡，夹杂在深山老林，采天地之灵气，汲日月之精华，受阳光雨露之滋润。茶叶中维生素、咖啡碱和氨基酸、矿质元素等含量特别高，又是无任何污染的云雾茶。它的茶叶当然香气纯正，清甜醇厚，浓郁持久，茶香尽在回味之中。

山顶清泉水，旱不涸，潦不溢，泉从石缝出，常年淙淙长流，沏的茶必然色泽清雅，汤色纯绿，清澈明净，味清鲜甜，入口清香沁脾，齿颊留香。山泉愈高，茶味则愈美。

上述所说的“高山野生茶配山顶清泉水”以及传统的“扬子江中水，蒙顶山上茶”“杭州龙井茶，西湖虎跑泉”“黄山毛峰茶，深谷山泉水”等茶中极品，都说明“茶生高山味更美，泉从石出意更甜”。

《西湖二集》中厨子献茶得五品官的故事

话说明太祖朱元璋一统天下之后，每好微行察其事件，凡有一诗一赋，一言之长，便赐以官爵，立刻显荣。那聪明有才学的答应得来，这是本分之事，不足为奇。一日到国子监，一个厨子献茶，茶色清味香醇，甚是小心称旨。朱元璋龙颜大喜，即刻赐以五品冠带。一个厨子不过是供人饮食之人，拿刀切肉，终日在灶下烧火抹锅，擦洗碗盏，弄砧板，吹火筒，做卷蒸，打扁食，下粉汤，岂不是个贱役？一朝遭际圣主，就做了个大大的五品官儿，可不是命里该贵，自然少他的不得？此事传满了京师。一日，朱元璋又私行，星月之下，见个老书生闻知此事，不住在那里叹息道："俺一生读书辛苦数十年，反不如这个厨子一盏茶发迹得快。早知如此，俺不免也去做个厨子，侥幸得个官儿，亦未可知。"因而吟两句诗道：

十载寒窗下，何如一盏茶。

朱元璋闻之，随即续吟两句道：

他才不如你，你命不如他。

那书生闻之，遂叹息如去。正是：

命该发迹，厨子拜职。命该贫穷，才子脱空。

总之“人生”两个字，弄得你七颠八倒，把人测摸不透。天悬地绝，可不是前生命运。

注：《西湖二集》为明代周清源所著。因书中故事内容或主人与美丽的杭州西湖有关而定名。

《镜花缘》众才女绿香亭品尝鲜叶茶的故事

清代李汝珍著的长篇小说《镜花缘》，全书100回，分上、下两册，主要叙述唐敖等人游历海外的见闻和唐闺臣等100个才女的故事。全书涉及茶事内容20多处。其中多数是客来敬茶的民间礼仪及喝茶解渴等内容。值得记载的是众才女绿香亭品尝鲜叶茶的故事，今录如下。

《镜花缘》第六十到六十一回，众才女来到燕家村燕小姐（紫琼）府上，饮宴之后，叶氏夫人命丫鬟引众位小姐到花园游玩。正是桃杏初开，柳芽吐翠，一派春光，甚觉可爱。大家随意散步，到各处畅游一遍。紫琼道："妹子这个花圃，只得十数处庭院，不过借此闲步，其实毫无可观。内中却有一件好处，诸位姐姐如有喜吃茶的，倒可烹茗奉敬。"兰音道："莫非此处另有甘泉？何不见赐一盏？"紫琼道："岂但甘泉，并有几株绝好茶树。若以鲜叶泡茶，妹子素不吃茶，故不能知其味，只觉其色似更好看。"墨香道："姐姐何不领我们去吃杯鲜茶，岂不有趣！"紫琼在前引路，不多时，来到一个庭院，当中一座亭子，四围都是茶树。那树高矮不等，大小不一，一色碧绿，清芬袭人。来到亭子跟前，上悬一额，写着"绿香亭"三个大字。众小姐来到绿香亭内坐下，登时那些丫鬟仆妇都在亭外纷纷忙乱，也有汲水的，也有扇炉的，也有采茶的，也有洗杯的。不多时，将茶烹了上来。众人各取一杯，只见其色比嫩葱还绿，甚觉爱人；及至入口，真是清香沁脾，与平时所吃迥然不同。个个称赞不绝。

冯梦龙著作中两个生动的茶故事

冯梦龙（1574—1646），明代文学家、戏曲家，字犹龙，长洲（今江苏苏州）人，以小说、戏曲和通俗文学见长，辑有话本集《喻世明言》《警世通言》《警世恒言》，世称《三言》。今将他著作中两个生动的茶故事记述如下。

一个是《警世通言》中的“王安石三难苏学士”。大意是苏东坡回四川故里，王安石老年患“痰炎之症”，须长江瞿塘中峡水煎阳羡茶治病，托苏回归时捎带长江瞿塘中峡水烹茶。苏回归时船经瞿塘中峡，被三峡幽丽风光迷住了，把王安石托办之事忘得一干二净。过了中峡他才想起王安石嘱托，但已无法取得中峡水，只得按船工“三峡相连水一样”的说法，打了下峡水拿回交差。于是引出了《警世通言》中的故事：茶罢。王安石问道：“老夫烦足下带瞿塘中峡水，可有么？”东坡道：“见携府外。”安石命堂候官两员，将水瓮抬进书房。安石亲以衣袖拂拭，纸封打开，命童儿茶灶中煨火，用银铫汲水煮之。先取白定碗一只，投阳羡茶一撮于内。候汤如蟹眼，急取起倾入。其茶色半晌方见。安石问：“此水何处取来？”东坡道：“巫峡。”安石道：“是中峡了。”东坡道：“正是。”安石笑道：“又来欺负老夫了！此乃下峡之水，如何假名中峡？”东坡大惊，述土人之言：“三峡相连，一般样水。晚学生误听了，实是取下峡之水！老太师何以辨之？”安石道：“读书人不可轻举妄动，须是细心察理。老夫若非亲到黄州，看过菊花，怎么诗中敢乱道黄花落瓣？这瞿塘水性，出于《水经补注》。上峡水性太急，下峡太缓，惟中峡缓急相半。太医院宫乃明医，知老夫乃中脘变症，故用中峡水引经。此水烹阳羡茶，上峡味浓，下峡味淡，中峡浓淡之间。今见茶色半晌方见，故知是下峡。”东坡离席谢罪。安石道：“何罪之有！皆因你过于聪明，以致疏略如此。”

另一个故事是“借茶叶”。客来敬茶是我国民间的优良传统。有户人家，当家中茶叶用完时来了客人，于是向邻居去借茶叶，可是当茶水已经烧开多次加水直到锅满时，茶叶仍未借到。于是引出了冯梦龙所编《笑府》中的故事。文曰：有留客饮茶者，友令子向邻家借茶叶未至，每汤沸，以水益之，釜且满矣，而茶叶终不得。妻乃谓夫曰：“此友是相知的，倒留他洗个浴去罢。”客人茶虽未喝成，但其诚意还是应领的。家中没有茶叶待客，毕竟去借了。

纪昀《阅微草堂笔记》外寄小包茶盐救亲家

清朝纪昀作的《阅微草堂笔记》，共二十四卷，内容多写鬼怪神异故事。至今，民间流传最广的除笔记外，就是纪昀寄小包盐茶救亲家的故事。

纪昀（1724—1805），字晓岚，清朝学者、文学家，乾隆年间进士，官拜礼部尚书、协办大学士，曾任《四库全书》总纂官，嗜茶。

他的亲家卢见曾，乃康熙年间进士，担任两淮转运使“肥缺”。卢手握大权，爱才好客，宾客盈门，应酬多，开销大，因挪用所收盐税多发生亏空。纪昀知朝廷要查处抄家没收卢全部家产时，情急之下想出一个万全之计，急差心腹佣人去一信，信中无文字，只一小包盐茶给亲家。卢见曾见信会意，盐茶即朝廷要“茶”（查）“盐”（严）他的挪用公款之事，于是赶忙转移家产，最终免于倾家荡产。

茶清香亦散见古名医论著

华佗（约145—208），东汉末年医学家，字元化，沛国谯县（今安徽亳州）人，精内、外、妇、儿、针灸各科，尤擅长外科。他在《食论》中说："苦茶久食，益意思。"意为长期饮茶，有益于人的思维。

陶弘景（456—536），南朝齐梁时期道教思想家、医学家，字通明，自号华阳居士，丹阳秣陵（今江苏南京）人。幼得葛洪《神仙传》，便有养生之志，后果遂其志，隐于句容曲山。梁武帝即位，每有吉凶征讨大事，无不咨请，时人谓之"山中宰相"。弘景整理的《本草经集注》述及好茗产地："西阳、武昌、庐江、晋陵皆有好茗，饮之宜人。"所著《名医别录》肯定茗菜之功效："茗菜轻身换骨，昔丹丘子、黄山君服之。"陶氏最早提出"尸瘵"（肺结核病）有传染性的论点。他对肺病传染的认识要比欧洲学者早1 000多年。

孙思邈（581—682），唐代京兆华原（今陕西省铜川市耀州区）人。少时因病学医，致力医学研究，著有《千金要方》《千金翼方》，两书在医学上均有参考价值。他认为"人命至重，有贵千金，一方济之，德逾于此，故以为名也"。他不仅本人嗜茶，还提倡病人要喝茶，多喝茶。在其所撰《千金食治·菜蔬》中云："茗叶，味甘、咸、酸、冷，无毒。可久食，令人有力，悦志，微动气。黄帝云：'不可共韭食，令人身重。'"他在当时就已采用了用竹管或葱管导尿的技术。他自制砒霜治疗疾病，这是世界医学史上最早利用砒霜治病的记载。

朱丹溪（1281—1358），元代著名医学家，名震亨，婺州义乌赤岸（浙江义乌）人。家居丹溪，故人称丹溪先生。早年即好医学，继从名儒许谦学“理学”，后从杭州名医罗知悌学医。罗授以刘元素、张子和、李东桓三家学说，并以《内经》意旨为之分析讲述，朱丹溪继承了罗氏之学并有所发挥。他倡养阴学说，丹溪学派，为“金元四大医家”之一，对祖国医学贡献卓著。他的《丹溪心法》等书中还记载着几个茶药方，如茶调散：薄荷（去梗不见火，八两）、川芎（四两）、羌活、甘草、白芷（各二两）、细辛（去叶，一两）、防风（二两半）、荆芥（去梗，四两），右为细开，每服二钱，食后，茶清调下。常服，清头目。该方今仍作为传统中成药生产使用。治类痛风：白术酒、黄芩、末茶服之。治口糜（满口生疮）：红茶、粉草傅之。在《医学正传》中，还记载了长饮菊花茶，可养生延寿。

李时珍（1518—1593），明代著名医药学家，字东璧，号濒湖山人，蕲州（今湖北蕲春）人。历经27年著成的《本草纲目》，收录原有诸家本草所载药1 518种，新增药物374种。总结了16世纪以前我国人民丰富的药物学经验，对药物学的发展做出巨大贡献。该书成书于万历六年（1578），虽为药物学专著，但其论茶甚详。其中言茶部分，分为释名、集解、茶叶（包括气味、主治、发明和附方）几个小节。尤以集解字数最多，汇集前人有关茶树生态、各地茶产的论述，补以栽培方法，极具价值。特别是对茶叶药用价值的论述和所列验方，为今天茶叶药用价值的开发及茶叶的科学研究，提供了宝贵的资料。其中还记载：“昔贤所称，大约谓唐人尚茶，茶品益众。有渠江之薄片，会稽之日铸，皆产茶有名者。”

儒道释名人茶清诗书香

唐至清代茶学家著作简述

开门七件事，柴米油盐酱醋茶。我国自中唐以来，全国普遍饮茶，茶产业持续快速发展，茶文化不断繁荣创新，今天茶已成为全国人民的国饮。这与历代茶学家的研究发明和无私奉献是分不开的。今将唐、宋、元、明、清诸代茶学家的功绩简述如下。

陆羽（733—804），唐代著名茶学家，中国茶学奠基人，被后人誉为“茶圣”，字鸿渐、季疵，号东冈子、竟陵子，复洲竟陵（今湖北天门）人。相传为弃婴，家世难详。唐开元十八年（730）前后撰《茶经》三卷，全书7 000余字，分别论茶之源、具、造、器、煮、饮、事、出等十节，是世界上第一部茶学专著，有“中国茶学开山之作”的美称。

常伯熊，唐代茶学家，约与陆羽同时代人。据《新唐书·隐逸传》载：伯熊因羽能复广著茶之功。御史大夫李季卿宣慰江南，次临淮，知伯熊善煎茶，召之，伯熊执器前，季卿为再举杯。常论茶之作佚传。

张又新，唐代品茶品水家，深州陆泽（河北深县）人，唐宝历元年（825）前后撰《煎茶水记》一卷。书中指出茶汤品质高低与所煎之水大有关系。他亲自品尝评价了刘伯刍所品之七水、陆羽新品之二十水，多有阐发，对后人启发很大。

苏廙（一作苏虞），唐代研究茶汤专家。他按照品位将茶汤分为16种：

得一汤、百寿汤、大壮汤、婴汤、富贵汤、贼汤、大魔汤等，撰《十六汤品》，指出："汤者，茶之司命。若名茶而滥汤，则与凡末同调矣。"

毛文锡，五代人，字平珪，高阳（今属河北）人，进士。茶叶专著《茶谱》为其所撰，约成书于后蜀明德二年（935），计一卷。其书记述各地所产茶及茶之故事，后附有唐人诗文。原书已亡佚，今从宋代乐史《太平寰宇记》和宋代吴淑《事类赋》中可略窥其貌。书中计有彭州、眉州、临邛、蜀州、泸州、建州、鄂州、长沙、南平、渠江、洪州、袁州、婺州、雅州、湖州、涪州、义兴、龙安、福州、睦州、衡州、扬州等20余种茶。

周绛，宋太平兴国八年（983）进士。《补茶经》著者，绛，祥符初知建州，因陆羽《茶经》不载建安，故补之。《补茶经》原书已佚。今据《舆地纪胜》及熊蕃《宣和北苑贡茶录》、陆廷灿续茶经之一《茶之源》引录辑存二条。

宋子安，宋代茶学家，于治平元年（1064）前后撰《东溪试茶录》一卷。东溪为建安一个地名。此书旨在记载建安茶事，谓"建安茶品，甲于天下，疑山川至灵之卉"，分为总叙焙名、北苑、壑源、佛岭、沙溪、茶名、采茶、茶病八章。

蔡襄（1012—1067），宋代茶学家，字君谟，兴化仙游（今属福建）人，天圣年间进士，为官有能名，工书法，为当时第一。诗文清遒精美，皆为妙品。其对茶学研究颇深，撰有《茶录》两篇，上篇论茶，分色、香、味、藏茶、炙茶、碾茶、罗茶、候茶、熁盏、点茶十条；下篇论器，分茶焙、茶笼、砧椎、茶铃、茶碾、茶罗、茶盏、茶匙、汤瓶九条。擅别茶。著作有《荔枝谱》《蔡忠惠集》等。

熊蕃，宋代茶学家，字茂叔，建阳（今属福建）人，自题其室曰"独善"，学者称其为独善先生。建安东三十里，有凤凰山，山麓称北苑，广二十里，宜植茶。太平兴国年间（976—984），遣使就北苑造團茶，到宣和年间（1119—1125）北苑贡茶极盛，熊蕃亲临睹其情，授笔而撰《宣和北苑贡茶录》。全书 2 800 余字，详述建茶花色沿革和贡品种类，书中附图 38 幅，系蕃之子克所绘。

朱蒙，宋代茶叶制作专家，于岕茶发展甚有贡献。《太仓州志》：“朱蒙，字昧之，别性桂，精茶理。先是，岕山茶叶，俱用茶焙，蒙易以炭，益香冽；又创诸制法，茶遂推岕山第一。今山中肖像祀，每开园日，必先祭蒙。其书法，亦名家。”

赵佶（1082—1135），即宋徽宗，1100—1126 年在位。宣和七年（1125）金兵南下，传位赵桓（宋钦宗），自称太上皇。靖康二年（1127），为金人俘虏去，后死于五国城（今黑龙江依兰）。擅书法，工花鸟，能诗词。在大观年间（1107—1110）编著《茶论》，后《说郛》刻本改称《大观茶论》。全书 2 800 余字，分 20 篇，论及产茶、采茶、制茶、品茶、藏茶等诸方面。宴请群臣时，他常赐茶，并喜欢亲自煎茶。蔡京《延福宫曲宴记》云：“宣和二年（1120）十二月癸巳，召宰执亲王等曲宴于延福宫……上命近侍取茶具，亲手注汤击拂，少顷白乳浮盏面，如流星淡月，顾诸臣曰：‘此自布茶。’饮毕皆顿首谢。”

赵汝砺，宋代茶学家。淳熙十三年（1186），任福建路转运司，主管帐司，为补充熊蕃《宣和北苑贡茶录》之不足，而撰《北苑别录》，全书约 2 800 字，首序，次分御园、开焙、拣茶、蒸茶、榨茶、研茶、造茶、过黄、纲次、开畲、外焙十二章。

李南金，宋代人，于瀹茶之道特别精研，赋有辨别茶声之诗。宋代罗大经《鹤林玉露》卷三：“余同年李南金云：《茶经》以鱼目、涌泉、连珠为煮水之节。然近世瀹茶，鲜以鼎镬，用瓶煮水，难以候视，则当以声辨一沸、二沸、三沸之节。又陆氏（羽）之法，以末汤就茶瓯瀹之，则当用背二涉三之际为合量。乃为声辨之诗云：“砌虫唧唧万蝉催，忽有千车捆载来。听得松风并涧水，忽呼缥色绿瓷杯。”

张可久（约1270—约1350），元代咏茶散曲家，字小山，祖籍庆元（今浙江宁波），移家杭州。其散曲创作，特别是咏茶散曲数量，为元人第一。《金元散曲》辑存其小令855首、套曲9首。其以散曲反映茶事，可谓写得最多、质量最好的文人之一。他和茶、释、道结下不解之缘。其《人月圆·客垂虹》上片云：“三高祠下天如镜，山色浸空蒙。莼羹张翰，渔舟范蠡，茶灶龟蒙。”其涉茶之曲有数十首，令人有目不暇接、美不胜收之感。其中有不少以道院为题材，如《[双调]水仙子·道院即事》云：“炉中真汞长黄芽，亭上仙桃绽碧花，吟边苦茗延清话。玄玄仙子家……”还有以寺院生活为题材的，如《[中吕]红绣鞋·集庆方丈》云：“月桂峰前方丈，雪松径里禅房，玉瓯水乳洗诗肠。莲花香世界……”

忽思慧，元代以研究茶为主的营养学家，蒙古族。延佑年间（1314—1319）任饮膳太医。天历三年（1330）编成《饮膳正要》三卷，记述元代饮食与植物等。书中记载枸杞茶、玉磨茶的制法，金字茶、范殿帅茶的由来，紫笋雀舌茶、女须儿、西蕃茶、川茶、藤茶、燕尾茶、孩儿茶、温桑茶的产地、功效、特点，具有独特之处。如清茶：“先用水滚过，滤净，下茶芽，少时煎成。”炒茶：“用铁锅烧赤，以马思哥油、牛奶、茶芽同炒成。”兰膏：

“玉磨末茶三匙头，面、酥油同搅成膏，沸汤点之。”酥签：“金字末茶两匙头，入酥油同搅，沸汤点之。”香茶：“白茶一袋，龙脑成片者三钱，百药煎半钱，麝香二钱同研细，用香粳米熬成粥，和成剂，印作饼。”这些均为茶史上的宝贵资料，亦反映元代各族人民的茶事。

张源，明代茶学家，包山（即洞庭西山）人。顾大典《茶录·且引》谓源“隐于山谷间，无所事事，日习诵于百家言。每博览之暇，汲泉煮茗，以自愉快。无间暑，历三十年，疲精殚思，不究茶之指归不已”。于万历中，写成《茶录》一卷，全书共约 1 500 字，分辨茶、汤辨、投茶、点染失真、井水不宜茶、贮水、分茶盒、茶道等二十三则；文自己出，颇有见地。

许次纾（1549—约 1604），明代茶学家，字然明，钱塘（今杭州）人。万历二十五年（1597）撰《茶疏》一卷，全书约 4 700 字。谓天下名山，必产名草；江南地暖，故独宜茶。历述产茶、品第、采制、收藏、烹点等方法，颇有心得。

陈继儒（1558—1639），明代人，字仲醇，号眉公，又号麋公，松江府华亭（今上海松江）人。工诗善文，书法学习苏（轼）米（芾），兼能绘事，名重一时。所著《茶董谱》，旨在补夏树芳《茶董》之不足。全书 7 000 余字，广录群书、茶事，有神话，有传说，有实事，范围广泛，似“茶业外史”。世传《茶话》，约 750 字，共十九则，系别人从继儒所撰《太平清话》和《岩栖幽事》两书摘编而成。

冯时可，明代茶学家，字敏卿，号元成，松江华亭（今上海松江）人。隆庆五年（1571）进士。官至湖广布政司参政。所至有治绩。尤以著述为海内所重，有《左氏释》、《左氏论》、《上池杂说》、《两航杂录》、

《超然楼集》、《上池杂说》及《石湖稿》等，世传《茶录》，现存五条，约600字。

罗廪，明代茶学家，浙江宁波人。幼好饮茶，后遍访各地名茶，并在中隐山手植茶树，历时十年，据采制心得，于万历年间（1572—1620）写成《茶解》一卷，全书约3 000字，分原（产地）、品（茶的色香味）、艺（栽培方法）、采（摘方法）、制（制作方法）、藏（收藏方法）、烹（烹煮方法）、水（关于饮用水）、禁（在采制藏烹中的禁忌之事）、器（采制、饮用、收藏的各种器具）十章。

熊明遇，明代茶学家，字良孺，进贤（今属江西）人。万历年间进士，累官至兵部尚书。万历三十六年（1608）撰有《罗岕茶记》一书，约500字，分七则。

程用宾，明代茶学家，新都（今浙江淳安）人。万历三十二年（1604）撰《茶录》四卷。

冯可宾，明清之际茶学家，字祯卿，益都（今属山东）人。明天启年间进士，曾任湖州司理，善画竹石，曾刊《广百川学海》行世，入清隐居不仕。嗜茶，著《岕茶笺》，分论岕名、采茶、蒸茶、焙茶、藏茶、辨真赝、烹茶、品泉水、茶具、茶宜、茶忌十一事，虽篇幅无多，而言皆居要。后冒襄撰《岕茶汇抄》大半取材于此。

唐宋高僧诗茶名著简录

我国茶兴于唐，盛于宋，茶产业的发展，促进了茶文化的繁荣。特别在一些名山古刹，名山有名寺，名寺出名茶，名茶育茶僧，历代寺院涌现了一批德行高超、觉悟成道的高僧，他们既是诗僧，也是茶僧，以“茶有三德”“茶禅一味”的意境，为茶文化的传承发展做出了不可磨灭的贡献。今将唐宋诗茶高僧名录（不完全）简介如下。

唐代

智积，唐代宗教界茶人。唐复州竟陵龙盖寺住持，他收养了年仅三岁的弃儿陆羽。这位禅师以《易》卜筮，得“蹇”之“渐”，封辞曰：“鸿渐于陆，其羽可用为仪。”于是以陆为氏，名而字之。陆羽九岁时，智积开始教他读书识字，亲授煮茶技巧。陆羽对智积很尊重，称他“积公”。唐大历三年（768）代宗诏进宫，陆羽亦奉诏进宫为积公烹茶。同年积公圆寂，陆羽作《六羡歌》以示缅怀。智积的贡献是收养抚育了茶圣陆羽，并将其培养为出色茶人，著世界上最早的茶叶专著《茶经》。

怀海（720—814），唐代高僧，俗姓王，福建福州长乐人。少时拜潮阳西山慧照为师，出家学佛，成年时，在衡法朗受具足戒。后在禅宗大师马祖道一处参学。侍奉六年，马祖道一入寂后，怀海曾住石门（今江西靖安）弘法，后转入新吴（今江西奉新县）住大雄山，此山高达千丈，俗称百丈山，后人便称他为“百丈怀海”。马祖道一创建丛林，开禅众修持的方便之门，怀海参考大小乘戒律，制定《禅门规式》，又名《百丈清规》。怀海提倡“一日不作，一日不食”，谓之“农禅”。

《百丈清规》将僧人种庄稼制度化，农禅的重要内容之一是寺院种茶，并提出提高造茶技巧和培植名茶，部分嗜茶佛家子弟就做起了“茶僧”，这对当时推动我国茶业发展起了一定作用。

《百丈清规》还将“茶供三宝”纳入佛门仪规。如每逢圣节、千秋节、国忌日、佛戒道日、帝师涅槃日等，必须以茶汤供奉。如圣节“必首启建金刚无量寿道场……待大殿排香烛茶场”，后茶汤会普及到寺院一般集会和社交活动。

《百丈清规》的制定，使禅宗茶道渐见雏形，并加快印度佛教中国化的过程。

从谂（778—897），唐代高僧，俗姓郝，曹州人。南泉普愿弟子。传扬佛教，不遗余力。常住赵州（今属河北省）观音院，又称“赵州古佛”。从谂嗜茶，是著名的茶僧。

《五灯会元》记载了赵州和尚的一段禅语：师（从谂）问新到僧人：“曾到此间么？”曰：“曾到。”师曰：“吃茶去。”又问僧，僧曰：“不曾到。”师曰：“吃茶去。”后院主问曰：“为什么曾到也云吃茶去，不曾到也云吃茶去？”师召院主，主应诺，师曰：“吃茶去。”从谂所答非所问，并连说三个“吃茶去”，这可理解为一种暗藏机锋的非逻辑性语言。

从稔是学问高僧，于禅学、茶学均有较高造诣。

禅林法语“吃茶去”，一直流传至今。

灵一，唐代诗僧，生卒年不详。本姓吴，人称一公，广陵人（今扬州）。童子出家，初隐麻源第三谷中，结茆读书，后居邱溪云门寺（今杭州市余杭）宜丰寺，从学者四方而至。禅诵之余，喜赋诗歌，与皇甫冉、张继、灵澈为诗友，酬唱不绝，有诗 40 多首，多为酬茶赠别之作。喜茶茗。

《与元居士青山潭饮茶》诗云：

野泉烟火白云间，坐饮香茶爱此山。

岩下维舟不忍去，青溪流水暮潺潺。

皎然，唐代诗僧，本姓谢，名昼，字清昼。南朝谢灵运（永嘉太守）十世孙。出家为僧，久居吴兴杼山妙喜寺。与茶圣陆羽为友，羽在妙喜寺旁建亭，大历八年癸丑岁、癸卯月、癸亥日落成，湖州刺史颜真卿提名为“三癸亭”，皎然赋诗，时称“三绝”。皎然著有《皎然集》即《杼山集》十卷，敕写其文集，入于秘阁。存诗 480 多首，其诗影响仅次于刘长卿、韦应物。其诗多为送别赠答，山水游赏之作。他是位宣扬“淡心即禅理”、借自然景物写禅趣的诗僧。性嗜茶茗，对茶道颇有研究。茶道指茶的采制烹饮手段和饮茶的清心、全性、守真功能。茶道一词最早出现在皎然笔下。其诗《饮茶歌诮崔石使君》云：“崔侯啜之意不已，狂歌一曲惊人耳。孰知茶道全尔真，唯有丹丘得如此。”

皎然为唐大历年间诗僧群体之代表。贞元初，居東溪草堂，卒于山寺。

齐己（863—937），唐代诗僧，长沙人，俗姓胡，名得生。幼丧父母，寄大沩山寺为司牧。后入佛门为僧，常住江陵（今属湖北）龙头寺。自号衡岳沙门。自幼聪颖，7岁能取竹枝画牛背为小诗。此后“风度日改，声价益隆”。游江海名山，登岳阳、望洞庭。在长安数载，遍览终南等山。撰有《白莲集》十卷等著作传世。喜嗜茶茗，以茶为题材的诗有《尝茶》《谢中上人寄茶》《咏茶十二韵》《闻道林诸友尝茶因有寄》《谢人惠扇子及茶》等。《咏茶十二韵》全诗二十四句，表现了茶与禅之间的关系及对陆羽的崇敬之情。诗云：

百草让为灵，功先百草成。甘传天下口，贵占火前名。

出处春无雁，收时谷有莺。封题从泽国，贡献入秦京。

嗅觉精新极，尝知骨自轻。研通天柱响，摘绕蜀山明。

赋客秋吟起，禅师昼卧惊。角开香满室，炉动绿凝铛。

晚忆凉泉对，闲思异果平。松黄干旋泛，云母滑随倾。

颇贵高人寄，尤宜别匮盛。曾寻修事法，妙尽陆先生。

注：见《全唐诗》卷八四三。

若水，唐代僧人。据《无锡志·卷三》记载：“唐僧若冰，不详其始，尝寓无锡惠山之普利院。”《全唐诗》作“若水”误。《题慧山泉》是僧若水留下的唯一诗篇，境界静谧澄澈。诗云：

石脉绽寒光，松根喷晓凉。

注瓶云母滑，漱齿茯苓香。

野客偷煎茗，山僧借净床。

安禅何所问，孤月在中央。

注：见全唐诗卷八五〇。

福全，唐代僧人，著有《汤戏》诗篇，题解曰：注汤幻茶。《湖北通忘·舆地志·山川》：“馔茶而幻出物象于汤面者，茶匠通神之艺也。”沙门福全生于金乡，长于茶海，能注汤幻茶成一句诗，并点四瓯，共一绝句，泛乎汤表。小小物类，唾手办耳。檀越日造门求观汤戏，全自咏曰：

生成盏里水丹青，巧画工夫学不成。

却笑当时陆鸿渐，煎茶赢得好名声。

注：诗据《全唐诗校编》（下）。

贯休（832—921），晚唐五代高僧，俗姓姜，字德隐，又名德远，浙江兰溪人。7 岁出家兰溪和安寺，一生游历多地，天复二年（902）入蜀，蜀王赐号“禅月大师”。善画书法，篆隶草皆精，称“姜体”，世称诗僧。收入《全唐诗》700 多首。其中以茶谈禅 36 首，著有《禅月集》等。他曾为金华九峰山画十六罗汉作为镇山之宝，入蜀前曾游金华山采蕈锄茶，作诗《别杜将军》：

伊余本是胡为者，采蕈锄茶在穷野。偶披蓑笠事空王，余力为文拟何谢。少年心在青云端，知音满地皆龙鸾。
遽逢天步艰难日，深藏溪谷空长叹。偶出重围遇英哲，
留我江楼经岁月。身偎玉帐香满衣，梦历金盆雨和雪。
东风来兮歌式微，深云道人召来归。燕辞大厦兮将何为，
蒙蒙花雨兮莺飞飞，一汀杨柳同依依。

注：金盆作者自注金华山最高处，海拔 1 312 米。

宋代

智圆（976—1022），宋代诗僧。字无外，自号中庸子，俗姓徐，钱塘（今杭州）人。8 岁受戒于龙兴寺，属杭州孤山玛瑙院，与林逋为友。赐谥法惠大师，有杂著《闲居编》五十一卷，现收于《续藏经》，其中诗十五卷。

智圆平常嗜茶，其咏茶诗作颇多。如《湖西杂感》二十首之二十：

凿得新泉古砌头，煮茶滋味异常流。

《寄圆长老》：

晚屋茶烟细，晴轩岳翠匀。

《谢仁上人惠茶》：

寄我山茶号雨前，齐余闲试仆夫泉。

睡魔遣得虽相感，翻引诗魔来眼前。

上述诗篇说明智圆斋余闲适翻诗词，打坐茗饮战睡魔，是位净心品茶禅一味的大师。

祖瑛，宋代九华山化城寺僧。嗜茶精于制茶。宋代周必大《九华山录》："至化城寺……谒金藏王塔……僧祖瑛独居塔院，献土产茶，味敌北苑……"北苑茶是建茶中的贡品，极为珍贵，可见九华山所产茶早就受人激赏。九华毛峰，今为安徽名茶。

重显，宋僧，字隐之，生平不详。俗姓李，号明觉大师，遂宁（今属四川）人。喜茶茗，有茶诗三首。如《送新茶》：

其一

元化功深陆羽知，雨前微露见枪旗。

收来献佛余堪惜，不寄诗家复寄谁。

其二

乘春雀舌占高名，龙麝相资笑解醒。

莫讶山家少为送，郑都官谓草中英。

另一首茶诗有句：

嫩芽香且灵，吾谓草中英。

注：重显有《祖英集》两卷，诗见《全宋诗》卷一四八。诗中元化，称自然界存在的发展规律。郑都官，即郑遨，晋末，五代人。

义青禅师，宋代诗僧，俗姓李，青社（今河南偃师）人，7岁出家妙相寺，年15试《法华经》得为大僧。入洛听《华严经》5年，弃去。游至浮山，从圆鉴禅师悟旨，得续太阳正脉。卒年52岁。有《空谷集》。其中《赵州吃茶颂》见《全宋诗》卷七一〇。小序云：举赵州，才见僧来，便问："曾到此间么？"（原注：寻常语里布枪旗。）僧云："不曾到。"（原注：料到没交涉。）州云："吃茶去。"（原注：承言者丧。）又问："僧曾到此间否？"（原注：惯得其便。）僧云："曾到。"（原注：惜取草鞋好。）州云："吃茶去。"（原注：滞句者迷。）以下是诗的正文：

见僧便问曾到否？（原注：仁义道中，当合如是。）

有言曾到不曾来。（原注：执结是实。）

留坐吃茶珍重去。（原注：好看十里客，万里要传名。）

青烟暗换绿纹苔。（原注：惜得自己眉毛，穿过那僧鼻孔。）

赵州，唐代僧名，以"吃茶去"作为法语，广加宣扬。

惠洪，宋僧，宜丰（今属江西）人，原姓彭，字觉范，出家后改惠洪。

工诗善画，有《石门文字禅》《古今图书集成》《冷斋夜话》等传世。嗜茶喜茗，著有《谢生之惠茶》《无学点茶乞诗》《次韵曾嘉言试茶》《空印以新茶见饷》《余所居连超然自见轩日多啜茶其上》《和曾逢原试茶连韵》《与客啜茶戏成》《郭祐之太尉试新龙团索诗》《金陵狱中谢人惠茶》茶诗九篇。其中《与客啜茶戏成》诗云：

道人要我煮温山，似识相如病里颜。金鼎浪翻螃蟹眼，

玉瓯绞刷鹧鸪斑。津津白乳冲眉上，拂拂清风产腋间。

唤起晴窗春书梦，绝怜佳味少人攀。

注：前五首诗见《石门文字禅》，第六、七首见《古今图书集成》，第八、九首见《全宋诗》。

慧空，宋僧，俗姓陈，号东山，福州人，年十四出家，初学于圆悟、六祖，后至疏山，为南岳下十四世，泐潭清禅师法嗣。有《东山慧空禅师语录》《雪峰空和尚外集》传世。涉茶诗有《送茶头并化士》《谢庞道惠茶》《甘泉惠石铫郑才仲以诗见赏次韵酬之》三篇。《谢庞道惠茶》诗云：

冰雪心肠独老庞，一枝春信果无双。

茅堂客散熏炉冷，有味无言日转窗。

这首茶诗中的“春信”，即春的信息，此指早茶。“有味无言”，是佛徒饮茶后的特殊感觉和反应，诗意展示的是一种自得其乐的空寂境界。

注：上述三首诗均见《全宋诗》。

道潜（1043—1106），宋代诗僧。俗姓何，原名昙潜，号参寥子，于潜（今浙江临安）人。学力过人，于内外典无不窥。擅吟诗，体制绝似储光羲，非近世诗僧比。嗜茶善烹，苏轼守杭州，访道潜于智果寺，寺有佳泉，道潜汲泉钻火，烹黄蘖茶，苏轼忽悟七年前梦中所得道潜诗句为诗兆，遂撰《应梦记》记其事，并命名其泉为“参寥泉”。又赋诗云：“云崖有浅井，玉醴常半寻，遂名参寥泉，可濯幽人襟。”又作《参寥泉铭》，记之日月。道潜著有《参寥集》十二卷。

希昼，宋代诗僧，剑南（今四川成都）人。嗜茶，九僧之一。其诗仅存十八首，九僧诗见《郡斋读书志》卷二、《司马温公诗话》，今存诗十八首，其中茶诗二首。如《寄题武当郡守吏隐亭》：“茶烟逢石断，棋响入花深。”《留题承指宋侍郎林亭》：“会茶多野客，啼竹半沙禽。”

谦师，宋僧，住西湖南屏山麓净慈寺，嗜茶善烹。宋元祐四年（1089）十二月二十七日，苏东坡游西湖葛岭寿星寺，谦师闻讯赶去拜会，并为苏点茶。苏写了《送南屏谦师》诗记其事，在诗前引言中还有“南屏谦师妙于茶事，自云：得之于心，应之于手，非可以言传学到者”句。据宋代吴曾《能改斋漫录》载，北宋史学家刘攽（1028—1089）曾写诗赠谦师，诗云：“泻汤夺得茶三昧，觅句还窥诗一斑。”“得茶三味”其典盖出于此。

咸杰，宋僧，号密庵，俗姓郑，福州福清（今属福建）人。出家后遍参知识，跻身高僧行列。淳熙四年（1177），诏住径山兴圣万寿寺，七年迁灵隐寺，十三年卒于明州天童景德寺，年 99，有《密庵咸杰禅师语录》

二卷，收入《续藏经》。

今录《径山茶汤会首求颂二首》：

径山大施门开，长者悭贪俱破。烹煎凤髓龙团，

供养千个万个。若作佛法商量，知我一床领过。

有智大丈夫，发心贵真实。心真万法空，处处无踪迹。

所谓大空王，显不思议力。况复念世间，来者正疲极。

一茶一汤功德香，普令信者从兹入。

注：诗见《全宋诗》卷二〇九二。

宝昙，宋僧，字少云，嘉定龙游（今四川乐山）人。幼习章句，已而从师出蜀，游四方名山古刹。剃度后住四明仗锡山。自号橘州老人，卒年六十九，有《橘州文集》十卷。有《煎茶》一首：

午鼎松声万壑余，蒲团曲几未全疏。

春风肯入姜盐手，不废秋窗一夜书。

另有《茶香》一首：

绕瓯翻雪不须疑，到齿余香亦解肥。

鼻观舌根留不得，夜深还与梦魂飞。

注：两诗均见《全宋诗》卷二三六一。

居简，宋僧，字敬叟，潼川（今四川三台）人。俗姓龙，剃度后，走访江西诸祖遗迹，居杭州飞来峰北涧达十年，故取号北涧。晚居天台，卒年83。有《北涧文集》十卷，《北涧诗集》九卷等。咏茶诗篇有：《谢司令惠顾茶》《妙湛月岩中茶汤榜》《刘簿分赐茶》《摘茶》《惠山泉》《赠制香蜡茶者》《次韵郑大参净慈双井》等。《摘茶》诗云：

苦莫苦于茶，回甘荠不如。瘠丛嗔重敛，睡眼喜丰储。

未雨试芳洁，残春空绪余。丁宁加惠养，竭泽恐无鱼。

注：上述诗均见《全宋诗》。

法薰，宋僧，号石田，赐号佛海，俗姓彭，眉山（今属四川）人。少年出家，剃度后南游湖湘，先后住太平兴国诸各寺传道，为南岳下十九世破庵祖先禅师法嗣。性嗜茶，有《茶汤会乞颂》：

铺心无下亦无高，一等无心次第浇。

便是口吞三世佛，沾化涓滴也难消。

注：诗见《全宋诗》卷二八六二。

当时寺庙邀请施主聚会饮茶，是一种交流，也是一种报答手段。多由家资丰厚的信徒出钱赞助。

智愚，宋僧，号虚堂，俗姓陈，四明象山（今属浙江）人，16 岁出家，后遍历诸山名寺，受到各位高僧器重。曾入主冷泉寺，后迁住庆元府阿育王山广利寺，柏岩慧照寺，又受诏住临安府净慈报恩光孝寺，迁径山兴圣万寿寺，卒年 85，为运庵禅师法嗣。著有茶诗两首，一为《谢芝峰交承惠茶》：

拣芽芳字出山南，真味那容取次参。

曾向松根烹瀑雪，至今齿颊尚余甘。

另有一首《茶寄楼司令》：

暖风雀舌闹芳丛，出焙封题献至公。

梅麓自来调鼎手，暂时勺水听松风。

注：两诗均见《全宋诗》卷三〇一八。

永颐，宋僧，生平不详。嗜茶茗，善诗，撰有《茶炉》诗：

炼泥合瓦本无功，火暖常留宿炭红。

有客适从云外至，小瓶添水作松风。

另有《食新茶》：

自回山中来，泉石足幽弄。茶经犹挂壁，庭草积已众。

拜先俄食新，香凝云乳动。心开神宇泰，境豁谢幽梦。

至味延冥遐，灵爽脱尘控。静语生云雷，逸想超鸾凤。

饱此岩壑真，清风愿遐送。

永颐还有一首《吕晋叔著作遗新茶》咏茶诗，咏建溪春茶，诗意畅达，抒发真情。但作品有争议，一说为梅尧臣所作。

注：前诗见《云泉诗集》，后诗据《南宗六十家小集》七。

元肇，宋僧，字圣徒，号淮海，通州静海（今江苏通州）人。俗姓潘，十九岁剃度为僧，出世通州光孝寺，圆寂于径山。著有《淮海挐音》二卷。善诗，嗜茶，涉茶诗有《茶花》：

茗有花难识，山中采得来。试从枝上看，全胜盏中开。

绿叶微如桂，黄心大似梅。晴窗澹相对，能遣睡魔回。

另有《掬泉》：

一坳寒贮玉，非沼又非渠。捉月弄清浅，把山摇碧虚。

久晴应不竭，积雨亦无余。陆羽来题品，他泉定弗如。

注：两诗均见《全宋诗》卷三〇九一。

智朋，宋僧，号介石，初住温州雁荡山罗汉寺，终住临安府净慈报恩光孝禅寺，为南十八世浙翁法嗣。有《介石禅师语录》。涉茶有《惠山煎茶》诗：

瓦瓶破晓汲清泠，石鼎移来坏砌烹。

万壑松风供一啜，自笼双袖水边行。

自注：泠，清凉貌。坏砌，破败的台阶。

注：诗见《全宋诗》卷三二二八。

文珦，宋僧，字叔向，自号潜山老叟，于潜（今浙江临安西南）人。早年出家，足迹遍东南。后以事下狱，获释后，遁迹不出，终年八十余。善诗嗜茶。诗集已佚，清人据《永乐大典》转为《潜山集》二十卷。咏茶诗篇构思新巧，内容全面、偏重茶水组合，呈现茶文化的繁荣景象。主要诗篇有《煎茶》《龙井》《五泄龙井》《灵泉篇》《灵苗》《山人居涧上做池名涧止》《行飞来冷泉水石间》等，今录《煎茶》诗：

吾生嗜苦茗，春山恣攀缘。采采不盈掬，浥露殊芳鲜。

虑溷仙草性，崖间取灵泉。石鼎乃所宜，灌濯手自煎。

择火亦云至，不令有微烟。初沸碧云聚，再沸支浪翻。

一碗复一碗，尽啜祛忧烦。良恐失正味，缄默久不言。

须臾齿颊甘，两腑风飒然。飘飘欲遐举，未下卢玉川。

原注：溷，这里是玷污、损害的意思。

注：诗见《潜山集》卷四、卷七。

绍昙，宋僧，字希叟。理宗淳祐九年（1249）在庆元府治所在鄞县（今浙江宁波）出家，圆寂于该府瑞山岩开善禅寺。有《希叟绍昙禅师语录》一卷，《希叟绍昙禅师广录》七卷。嗜茶善诗，今录《寄紫箨茶与虎丘石溪》：

箨龙衔味噀春英，香入萝窗午梦清。

笑汲新泉烦陆羽，贵图尊宿眼增明。

原注：紫箨茶，即紫笋茶。紫状其色，箨（笋壳）肖其形。

注：诗见《全宋诗》卷三四三〇。

道璨，宋僧，字无文，俗姓陶，南昌（今属江西）人。游方17年，涉足闽浙，晚年住饶州荐福寺，为退庵空法师法嗣。著作有《柳塘外集》四卷，其中诗一卷。又有文集《无文印》二十卷。诗集中有《摘茶》诗。诗人从摘茶中悟出观察和评价事物（包括人）不应取此舍彼、以偏概全的道理。诗云：

拈一旗兮放一钥，多从枝叶上抟量。

全身入草全身出，那个师僧无寸长。

注：诗见《全宋诗》卷三四五六。

月涧，宋僧，自幼依僧住庙，隶籍庆元府天童寺，在饶州荐福寺谢世，为南岳下二十一世西岩了慧禅师法嗣。有《月涧禅师语录》二卷，收入《续藏经》。今录其《摘茶》诗：

拚双赤手入丛林，要觅春风一寸心。

但觉爪牙归掌握，不知烟雾湿衣襟。

注：诗见《全宋诗》卷三五四一。

道宁，宋僧，俗姓汪，徽州（今属安徽）婺源人，生平不详。其涉茶著作有《偈六十三首》，今录其六。诗云：

南北东西万万千，赵州待客岂徒然。

莫嫌冷淡无滋味，惯把脂麻一例煎。

注：诗见《全宋诗》卷一一四三。

唐代著名诗茶道士名录

道教是我国土生土长的宗教之一，它与儒学、佛教组成我国的三大文化支柱。唐代，除武则天执政期曾一度“抑道扬释”外，从初唐到后唐，特别是在盛唐时期，诗人、茶人以及能治病炼丹施术的道士，都深得朝廷的宠幸。高宗乾封元年（666）追封老子为“太上玄元皇帝”。上元元年（674）令王公以下皆习《老子》。玄宗开元二十四年（736）诏令道士、女冠（女道士）隶宗正寺（即管理王室事务的机构）。凡道观住持道士进京述职，按级别享受六品以上官员待遇。盛唐时期道教有宫院 1 687 座，道人数以万计。东都洛阳有长安太清宫、玄元皇帝庙、天台山桐柏观、金华山赤松观、茅山紫阳观、筠州祈仙观、清江三清观、宜春紫微观、洪州应龙宫，华山、王屋山、青城山、仙都山、泰山等地宫观遍布。茶兴于唐，当时宫观大多在名山胜地，环境清幽，宜于茶树生长。凡是有道教宫观之处，均为盛产茶叶之地。著名的道教宫观与“名寺出名茶”一样，是“名观出名茶”。修道栽茶品茗就成了道士们平日的乐事。今将唐代著名诗茶道士名录简介如下：

孙思邈（541—682），唐代医学家、茶学家、道士，京兆华原（今陕西耀县）人。事迹已见前文“茶清香亦散见古名医论著”。

叶法善（616—720），字道元，唐代著名道士。人称叶真人，括州括苍县（今属浙江）人。13 岁云游学道，辟谷炼丹，学成后为民驱邪治病。法善一生嗜茶采茶制茶，推崇以茶养生，享年 105 岁，留诗三首化去。

唐高宗、中宗、睿宗、武则天时期，法善多次被召入宫，阐述道法，曾为高宗甄别丹药真伪。在京为人治病时，所得悉归道观（驻景龙观）与贫困者。中宗景龙四年（710）被武则天侄武三思贬岭外云游三年，复召入宫。玄宗开元元年（713），李隆基拜法善为鸿胪卿。一日吐蕃使者捧宝函献玄宗，请皇自开。法善力奏为凶物，宣令使者自开，使者开函中弩身亡。玄宗加授法善为光禄大夫，法善力辞归里告老还乡。他百岁高龄时经常在宣平（今武义）牛头山采茶制茶、募建冲真观，为当地百姓行医治病，推崇以茶养生，传授茶道。

相传唐开元元年（713）中秋，叶法善施道术，与玄宗游月宫，观看歌舞，聆听天乐，玄宗问："此为何曲？"月中嫦娥答："《紫云》。"玄宗谙熟音律，将曲谱一一记在心里，回宫默写出来，就是《霓裳羽衣曲》。玄宗之后用玉笛伴奏此曲，与晓音律杨贵妃同乐。

吴筠（？—778），唐代道学家，字贞节，华阴（今属陕西）人。医学家陶弘景之四传弟子。唐权德舆《宗玄先生文集序》说吴筠著作甚多，合为 450 篇，用神仙信仰阐发老子之道，并认为老子之道与孔孟之道实质上并不矛盾，主张以道为本，纳儒入道。主要著作有《神仙可学论》《玄纲论》等。《全唐诗》收入的他的诗有《秋日彭蠡湖中观庐山》等六首。他继承了陶弘景《杂录》中"苦茶轻身换骨，昔丹丘子、黄山君服之"的理论，与当时诗茶结缘者往来密切，特别与大诗人李白结为诗友，李白接受了他的道教秘文秘箓以及受道之法。

张志和（732—774），唐代诗人，字子同，初名龟龄，唐肃宗赐名志和，婺州（今金华）人。年16游太学，举明经。唐肃宗时待诏翰林，因事贬南浦尉，隐居江湖，信道，嗜茶，自号烟波钓徒、玄真子，与颜真卿等为友。

据颜真卿《浪迹先生玄真子张志和碑铭》记载，张志和经常以豹皮为木鞋，以马皮为草鞋；经常依靠木几而卧，用花纹不一的杯子，拿着如榔头的手杖。去向很随意，垂钓去掉钓饵，不在得鱼。唐肃宗（李亨）曾赐奴、婢各一，玄真配其为夫妻。夫名曰“渔僮”，妻名曰“樵青”。他的朋友竟陵子陆羽、校书郎裴修问他与什么人往来，他回答说：“以太虚作室而共居，夜月为灯以同照，与四海诸公未尝离别，有何往来？”又问为何夫名“渔僮”，妻名“樵青”，张志和答曰：“渔僮使棒钓收纶，芦中鼓枻；樵青使苏兰薪桂，竹里煎茶。”这实际是一副创意新颖、意义深远的茶联，意思是渔僮摇桨掌舵，使棒收线；樵青取苏兰薪桂，竹里煎茶。上、下联对称，极其生动。张志和不光是诗人，还是画家。《浪迹先生玄真子张志和碑铭》里记载：“性好画山水。”他可以说是金华历史有记载的第一位画家。

张志和收入《全唐诗》的诗有《渔父歌》五首，今录其两首。其一：“西塞山前白鹭飞，桃花流水鳜鱼肥。青箬笠，绿蓑衣，斜风细雨不须归。”其二：“钓台渔父褐为裘，两两三三舴艋舟。能纵棹，惯乘流，长江白浪不曾忧。”《渔父歌》极尽钓鱼之乐，与颜真卿、陆鸿渐、徐士衡、李成矩等相和。

李冶（？—784），字季兰，唐代女诗人、女道士，乌程（今浙江吴兴）人。自幼聪颖，神情潇洒，美貌异常，多才多艺，善弹琴，尤工格律，有“女中诗豪”之称。她与当时的茶圣陆羽（字鸿渐）、诗僧皎然，交往情深，意甚相得。她的《湖上卧病喜陆鸿渐至》诗中有“相逢仍卧病，欲语泪先垂”之句。从中可以得知他们感情之深，为莫逆之交，但因各种原因未成连理。茶史记载正是这一儒（陆羽）、一僧（皎然）、一道（李冶），组织品茗诗会，开创了唐代以来历代江南文人饮茶群体吟诗作赋的新格局，也是他们最早提出了“茶道”一词。后来，李冶被召入宫，因献诗给叛将朱泚，被唐德宗李适杀害。

吕洞宾（798—？），名岩，字洞宾，京兆（今西安）人，唐代著名道士、诗人，传系礼部侍郎吕渭之孙。咸通初进士，曾两调县令。

《唐才子传》称，吕洞宾在黄巢起义时“浩然发栖隐之志，携家归终南，自放迹江湖……后往来人间，乘虚上下，竟莫能测”。

吕岩诗、酒、茶都爱，是民间影响深远的道家诗人，也是茶人。《全唐诗》收入他有关炼丹长生、蓬莱神仙等说道诗三十一首，涉茶诗主要是《大云寺茶诗》：“玉蕊一枪称绝品，僧家造法极功夫。兔毛瓯浅香云白，虾眼汤翻细浪俱。断送睡魔离几席，增添清气入肌肤。幽丛自落溪岩外，不肯移根入上都。”这首诗颇有新意，是道教人赞扬僧人对茶业的贡献，肯定饮茶对驱睡魔提精神的作用。诗中提到“玉蕊一枪”，指一芽一叶初展；“兔毛瓯”，指斗茶常用茶具，说明当时斗茶已经渐及民间。

宋代以后，民间传说吕洞宾为八仙之一，道教全真教奉他为纯阳祖师。

西陵道士，姓名生平均不详，详情待查。西陵是地名，坐落在河北易县西永宁山下。唐代有西陵道士，笔者也是从诗人温庭筠（约 812—约 870）的《西陵道士茶歌》中得知的。这首诗曰：“乳窦溅溅通石脉，绿尘愁草春江色。涧花入井水味香，山月当人松影直。仙翁白扇霜鸟翎，拂坛夜读黄庭经。疏香皓齿有余味，更觉鹤心通杳冥。”诗意表明，西陵道士煎茶的水是乳泉水，茶是绿如春水的佳品。夜月当空，松影挺立，西陵道士来到道坛，手摇白扇，品饮香茗，诵念《黄庭经》，茶的香味长留齿间，更觉修得已经和仙境相通了。

道教的最高信仰是求长生，求长生必须要延年益寿，故道教十分重视养生学与医药学，民间久来流传着“十道九医”之说。道家栽茶品茗，崇尚“天人合一”“道法自然”的理念，认为“天道”与“人道”，“自然”与“人为”相通相类，品茗就是与自然亲近，与自然契合，从而实现健康与长寿。

施肩吾（780—861），唐代诗人、茶人、道士，元和十五年（820）进士，不待除授，即归隐洪州西山，世称华阳真人。他信奉道教，性嗜茶。《全唐诗》收集他的诗 196 首，残句 16 句。他最奇丽的咏茶诗《蜀茗词》：“越碗初盛蜀茗新，薄烟轻处搅来匀。山僧问我将何比，欲道琼浆却畏嗔。”工咏于物，少而奇丽，情真意切，特色鲜明。尤其他的残句更为生动：“茶为涤烦子，酒为忘忧君。”寥寥十个字就把茶酒功效写得活灵活现。

施肩吾是否到过澎湖列岛，这个问题历来有争议。《全唐诗》中有首施肩吾的《岛夷行》：“腥臊海边多鬼市，岛夷居处无乡里。黑皮年少学采珠，手把生犀照咸水。”对此，清嘉庆年间任台湾兵备道的周凯，曾作诗：“屈指何人先琢句？算来惟有施肩吾。黑皮少年红毛种，那见燃犀照采珠。”诗意说明施肩吾到过澎湖列岛。再说施肩吾收入《全唐诗》的另一首《海边远望》：“扶桑枝边红皎皎，天鸡一声四溟晓。偶看仙女上青天，鸾鹤无多采云少。”这更可以肯定施肩吾是到过澎湖列岛的。

另外，对施肩吾的籍贯，两种注解不同。《辞海》注为睦州分水人，《全唐诗》注为洪州人。有关资料证明，应以《辞海》为准，施肩吾是睦州分水人。据《分水县志》记载："施肩吾分水人，城东五云山，有施肩吾读书处碑文，还有施肩吾墓。"从以上记载分析，施肩吾出生后，到过浙江各地。登第后去江西洪州隐居，之后又回到浙江，并曾去澎湖。施肩吾的家乡是招贤德乡，原名招贤乡，原属分水，后新登从分水析出。分水、新登曾争夺施肩吾出生地。20 世纪 50 年代，分水、新登并入桐庐县，20 世纪 60 年代招贤德乡又被划为富阳管辖，按今天说法，施肩吾故里应是分水招贤乡，今属富阳管。

舒道纪，婺州东阳人，自号华阴子。唐元和八年（813）进士，舒元舆的孙子。舒元舆与元褒、元肱、元迥、元褒（早逝）都是进士。全家五进士，名噪婺州一时。舒道纪深感朝廷权力纷争，追求清静无为，出家金华北山修道问茶，为赤松观黄冠师。

舒道纪与诗僧贯休友善往来，共同修道问茶。唐宣宗大中二年（848）前后，在春光明媚的季节，贯休入蜀前到金华北山，与舒道纪在赤松观切磋诗词和茶道，两人意志相投，曾一起到北山金盆最高处采蕈锄茶。当时两人一时口渴，见武坪殿盘前高山中有一山铺，就前往向一位老太太讨茶喝。舒、贯二人见老太太沏的茶，叶芽细嫩，外形挺直，绿翠显毫，汤色清澈，茶味甘洌，就问老太太这茶叫什么茶，产于何处。老太太指着门前对面的山旮旯说，就是这山上采的。舒、贯二人抬头一望，禁不住把李白"举头望明月，低头思故乡"的诗句脱口而出，两人共同出声说这茶叫"举岩茶"。从此举岩茶名震省内外。

舒道纪主持赤松观，颇有建树，文人墨客游览者络绎不绝。《全唐诗》

中有舒道纪的《题赤松宫》诗："松老赤松原，松间庙宛然。人皆有兄弟，谁得共神仙。双鹤冲天去，群羊化石眠。至今丹井水，香满北山边。"

杜光庭（850—933），唐末五代道士。字圣宾（一作宾圣），处州缙云（今属浙江）人，一作长安（今属陕西）人。咸通中，举进士不第，入天台山修道问茶，仕唐为内供奉。曾随僖宗入蜀，后事王建父子，官谏议大夫，赐号"广成先生""传真天师"。晚年隐居青城山。能诗文，传奇小说《虬髯客传》，传为他所作。他又对道教仪则、应验等多有著录，有《道德真经广圣义》《道门科范大全集》《广成集》等，称得上是位唐末五代的道学家。

郑遨，字云叟，滑州白马（今河南滑县、延津、长垣一带）人。少好学，敏于文学。唐末举进士不第，避乱入少室山为道士。徙居华阴，种田自给。其妻数以书劝还家，遨辄投于火。节度使刘凝闻其名，遗以宝货，遨不一受。后晋高祖石敬瑭以谏议大夫召，遨亦不赴。郑遨性嗜茶茗，《全唐诗》有其诗 14 首，其中《茶》诗云：

> 嫩芽香且灵，吾谓草中英。夜臼和烟捣，寒炉对雪烹。
> 惟忧碧粉散，常见绿花生。最是堪珍重，能令睡思清。

郑遨为人刚正不阿，关心人民疾苦，表现他对当地人民饱受权贵之苦的忧思和反对苛政思想的诗有两首，一为《富贵曲》：

> 美人梳洗时，满头间珠翠。

岂知两片云，戴却数乡税。

另有一首《伤农》：

一粒红稻饭，几滴牛颔血。

珊瑚枝下人，衔杯吐不歇。

历代诗茶隐士传略

诗茶隐士指的是对茶事有贡献并隐居的嗜茶者。他们有的是对社会有异见的布衣文人，有的是朝廷失意的官员或科考落第举子，有的是王朝更替不愿为仕者。今将历代著名诗茶隐士传略记述如下。

陶潜（365—427），东晋浔阳柴桑（今江西九江）人，字渊明，又字元亮。在任彭泽县令时，因不为五斗米折腰，挂印去职，归隐田园，至死不仕。善诗文，自成一派，为一代著名诗人，著有《陶渊明集》。《搜神后记》云："晋孝武世，宣城人秦精，常入武昌山中采茗。忽遇一人，身长丈余，遍体皆毛，从山北来。精见之，大怖，自谓必死。毛人径牵其臂，将至山曲，入大丛茗处，放之便去。精因采茗。须臾复来，乃探怀中二十枚橘与精，甘美异常。精甚怪，负茗而归。"

方干（？—约888），唐代诗人，字雄飞，睦州青溪（今淳安）人。大中年间（847—859）举进士不第，隐居镜湖。浙间凡有园林名胜，辄造主人，留题几遍。咸通末，以布衣卒。嗜茶，常自采茶。《山中言事》诗云："日与村家事渐同，烧松啜茗学邻翁。"《初归镜中寄陈端公》诗云："云岛采茶常失路，雪龛中酒不开扉。"著有《玄英集》。

郑谷，字守愚，宜春袁州（今江西宜春）人。黄巢起义时，避乱入蜀。光启三年（887），始登进士第。历任鄠县尉、右拾遗、右补阙，官至都官郎中，世称“郑都官”。后归隐宜春仰山，卒于家。谷早负诗名，七律《鹧鸪》传诵一时，人称“郑鹧鸪”。谷嗜蜀茶，又多结契山僧，曰：“蜀茶似僧，未必皆美，不能舍之。”多有茶诗传世。

施肩吾生平事迹见本书“唐代著名诗茶道士名录”。

陆希声，唐代文学家、书法家。自号君阳遁叟，苏州人。博学工文，初为岭南从事，后隐于义兴（今江苏宜兴）。撰有《周易传》二卷、《春秋通例》三卷等，均佚。《全唐诗》存其诗 22 首，《全唐文》存其文六篇。希声来自书法世家，颇工书，号“拨镫法”。其茶诗有《阳羡杂咏十九首 · 茗坡》，诗云：“二月山家谷雨天，半坡芳茗露华鲜。春醒酒病兼消渴，惜取新芽旋摘煎。”

王休，五代隐士。《六贴》：“逸人王休居太白山下，每冬取溪水，水琢其清莹者，煮建茗，供宾客饮之。”建茗，建宁府（今福建建瓯一带）所产的茶叶，该地的北苑茶，古时闻名遐迩。

林逋（967—1028），宋代诗人、隐士，字君复，钱塘（今属浙江）人。少孤力学，恬淡好古，结庐西湖孤山，二十年不至城市。宋真宗闻其名，赐帛粟，诏长吏岁时劳问。自为墓于庐侧，临终作序，有“茂陵（汉武帝葬茂陵）他日求遗稿，犹喜曾无封禅书”之句。及卒，宋仁宗赐谥“和靖先生”。逋不娶无子，所居植梅养鹤，人因称其为“梅妻鹤子”。隐逸乐茗，其《尝茶次寄越僧灵皎》云：“瓶悬金粉师应有，箸点琼花我自珍。清话几时搔首后，愿和松色劝三巡。”《茶》云：“石碾轻飞瑟瑟尘，乳香烹出建溪春。世间绝品人难识，闲对茶经忆古人。”林逋对茶圣陆羽极为崇拜。

晁冲之，宋代诗人，字叔用，济州钜野（今山东巨野）人。与补之、说之为同辈兄弟。少有才华，受知于后山吕居仁。官承务部，绍圣初落党籍中，归隐具茨山（在今河南禹县）下，徽宗时累荐不起，有诗名，为江西诗派作家。嗜茶，喜自煎，多有茶诗。其《陆元钧寄日注茶》云："老夫病渴手自煎，嗜好悠悠亦从众。"著作见后人所辑《晁具茨先生诗集》。

王象晋，明代博物学家、文学家，字荩臣，又字康宇，新城（今山东桓台）人。万历三十二年（1604）进士，官历礼部主事、员外郎、浙江布政司等。崇奉理学，恪守礼法，入清后隐居不仕，自号明农隐士，享年 93。著有《剪桐载笔》等。其《茶谱》四卷，按文赋诗词编类汇辑前人茶诗文，在茶文化史上乃不可忽视之资料汇编。王象晋《广群芳谱 · 茶谱》小序：茶，嘉木也。一植不再移，故婚礼用茶，从一之义也。虽兆自《食经》，饮自隋帝，而好者尚寡。至后兴于唐，盛于宋，始为世重矣。……岂天地间尤物，生固不数数然耶！瓯泛翠涛，碾飞绿屑，不藉云腴，熟驱睡魔？作《茶谱》。

杜濬（1611—1687），明清之际诗人，字于皇，号茶村，湖北黄冈（今湖州黄州）人。明崇祯十二年（1639）副贡生。一意为诗，明亡，隐居金陵鸡鸣山，不受他人之惠，为著名遗民诗人，晚益贫甚。其诗风格苍朴沉郁，撰有《变雅堂集》等。杜濬为茶文化史上有名的茶痴，一生喜茗好茶，有茶癖、筑茶丘、刻茶铭、著茶论、撰茶诗，终生山诗茶自随，怡然自得。茶村晚年居住于金陵鸡鸣寺侧，竟有断炊之虞，但仍一日不可无茶。喝过的茶叶也不忍抛弃，将其"检点收拾，置之净处，每至岁终，聚而封之，谓之茶丘"，并为茶丘磨石刻铭，称"石可泐，交不绝"。茶村一生写了不少茶诗，其《茶喜 · 序》曰："夫予论茶四妙：曰湛、曰幽、曰灵、曰远。用以澡吾根器，美吾智意，改吾闻见，导吾杳冥。"杜茶村的湛、幽、灵、远，其蕴藉、意境、韵致的茶道思想，值得研究。

黄宗羲（1610—1695），字太冲，号南雷，浙江余姚人。明清之际著名思想家、史学家、文学家，与顾炎武、王夫之合称清初三大儒。清统一中国后，他多次拒绝征召，归隐四明山区化安山。在潜心著作《明夷待访录》等名著之余，与余姚化安山的瀑布茶结下不解之缘。他从小养成了饮茶习惯，隐居后对瀑布茶备感亲切，自栽、自采、自制、自品。他的《南雷集 · 南雷诗集》卷一中有《制新茶》诗："檐溜松风方扫尽，轻阴正是采茶天。相邀直上孤峰顶，出市俱争谷雨前。两筥东西分梗叶，一灯儿女共团圆。炒青已到更阑后，犹试新茶烹瀑泉。"在另一首《寄新茶与第四女》诗中写道："新茶自瀑岭，因汝喜宵吟。月下松风急，小斋暮雨深。勾线灯落芯，更静鸟移林。竹尖犹明灭，谁人知此心。"这两首诗的诗意表明，他隐居自制瀑布茶，不仅是因为喜欢饮用，更重要的是对精神的依托。

历代茗女群芳谱

妇女有“半边天”之称，她们亦与茶事关系密切。我国历代都涌现过一批能诗能文、爱好品茗、善于烹茶、善于采茶制茶的茗女。她们中间有皇宫贵妃、名门闺秀、农村妇女，也有青楼名妓，与男儿大丈夫一样，对历代茶事茶文化传承发展做出了杰出贡献。

鲍令晖，南朝宋女文学家，东海（今山东省临沂）人。鲍照之妹，鲍照（约414—466），南朝宋文学家，曾为临海王前军参军。他的诗对李白、岑参等颇有影响，著有《鲍参军集》。鲍令晖颇有诗名，后人评其诗“崭绝清巧，拟古尤胜”。她撰有《香茗赋》。赋是一种文体，后人多称作诗为赋，惜《香茗赋》已失传。其兄鲍照自以为其诗不及左思，但妹令晖之才则胜左思之妹左芬。

文成公主，唐太宗李世民宗室养女，后嫁给吐蕃赞普松赞干布。《藏史》记载：“藏王松布之孙（松赞干布）时，始自中原输入茶叶。”在此之前，茶与藏无缘，是文成公主以茶为嫁妆将其带入西藏，并发展为中原与藏区的茶马交易。文成公主对于开藏族千年茶风功不可没。

梅妃，姓江，名采萍，选入宫中为梅妃，福建莆田人。父仲逊，世为医。梅妃九岁能诵“二南”（《诗经》中的《周南》《召南》），她对父曰：“我虽女子，期以此为志。”父奇之，名之曰采萍。唐开元中，太监高力士为唐明皇选妃，出使闽粤，梅妃已及笄，高力士见其少丽，选归侍明皇，大见宠幸。皇上与梅妃斗茶，顾诸王戏曰："此梅精也。吹白玉笛，作惊鸿舞，一座光辉。斗茶今又胜我矣！"梅妃应声曰："草木之戏，误胜陛下。设使调和四海，烹饪鼎鼐，万乘自有宪法，贱妾何能较胜负也。"《中国茶文化大辞典》记载了"梅妃与唐明皇斗茶"一事。

鲍君徽，唐代女诗人，生卒年不详，字文姬。其诗与贝州五宋齐名。贞元中，德宗召入宫试文，与侍臣赓和，赏赐甚厚。不久乞归，奉母以终。喜茶茗，《全唐诗》有其诗四首，《东亭茶宴》为其一，诗云：

> 闲朝向晓出帘栊，茗宴东亭四望通。远眺城池山色里，
> 俯聆弦管水声中。幽篁引沼新抽翠，芳槿低檐欲吐红。
> 坐久此中无限兴，更怜团扇起清风。

鲍君徽还有一首《奉和麟德殿宴百僚应制》。应制诗是奉皇命而写作的诗文。鲍君徽的诗，诗境高雅，鲜秀清丽，情意浓郁，极富画意，描摹生动，因此得到德宗皇帝的丰厚赏赐。

崔宁女，不详其名。其父是唐德宗建中年间（780—783）的蜀相崔宁，故以崔宁女记载。崔宁女生长在四川蜀茶地区，对茶事很关心。她对茶事的主要贡献，是防茶杯无衬烫手，用碟啜后倾杯，于是创制了茶杯的托子，称为茶船。这种茶船经过改进发展为碗盖、茶碗、茶托。崔宁女创制的茶船，晚唐以后被推广成为常用的茶具。

鱼玄机（约 844—868），晚唐女诗人。初名幼微，字蕙兰，长安（今

西安）人。本为李亿妾，咸通中出家于长安咸宜观为女道士，与温庭筠等以诗篇相赠答。鱼玄机善吟诗，美风调，是晚唐后期独具特色的女诗人，怀感之作悲恨，咏物之作情景俱绝。《全唐诗》存其诗 49 首，其中有关茶事的有《访赵炼师不遇》：

何处同仙侣，青衣独在家。暖炉留煮药，邻院为煎茶。

画壁灯光暗，幡竿日影斜。殷勤重回首，墙外数枝花。

鱼玄机是否到过浙江诸暨无从查考，但她的《浣纱庙》诗如临其境，情意真切：

吴越相谋计策多，浣纱神女已相和。一双笑靥才回面，

十万精兵尽倒戈。范蠡功成身隐遁，伍胥谏死国消磨。

只今诸暨长江畔，空有青山号苎萝。

花蕊夫人（约 886—926），五代前蜀主王建之妃，姓徐，人称小徐妃。她所作宫词，是写前蜀宣华苑游乐的故事，世称《花蕊夫人宫词》，《全唐诗》录 157 首，经考证，其中可确定为她所作的有近百首，其中有关茶事的是：

白藤花限白银花，阁子门当寝殿斜。

近被宫中知了事，每来随驾使煎茶。

花蕊夫人的《宫词》是别具神韵、独树一帜的佳作。她以亲身经历从不同层面描写宫中帝王嫔妃及宫女的生活，诸如朝会宴享、赏花游乐、学骑挽弓、泛舟嬉戏、轻歌曼舞、急管繁弦等，这在五代诗坛上是绝无仅有的。她还有一首《口占答宋太祖述国亡诗》，嘲讽蜀朝昏主出降时，没有一个像男儿大丈夫，诗曰：

君王城上竖降旗，妾在深宫那得知？

十四万人齐解甲，更无一个是男儿！

周韶，宋代天圣至庆历年间（1023—1048）杭州官妓。容才出众，爱好诗文，尤以律诗名震文坛。一生嗜茶，爱好收藏各地名茶，斗茶烹茶技艺高超。一次在杭州与斗茶高手茶学家蔡襄斗茶，蔡竟输与周韶，使她美名远扬各地。

李清照（1084—约 1155），宋代文学家、女词人，自号易安居士，齐州章丘人，与太学生赵明诚结婚，建炎三年（1129）赵明诚病卒，李清照流徙于杭、越、婺、台等州一带，以避战乱。曾一度改嫁张汝舟，因不合离异。她撰于绍兴四年（1134）的《金石录后序》追述其婚后至 51 岁前的生活经历。她才华过人，诗词书画皆擅长，尤以词为上。其中茶词有《小重山》《鹧鸪天》《摊破浣溪沙》等，都脍炙人口，词意特征是晨起梦断以香茗消梦。她还是分茶高手、茶道专家，《金石录后序》中记载着她与夫饮茶以书中典故逗趣，直至茶倾覆怀中反不得饮而止，后人对此美名“饮茶助学”，也有人称其为行茶令。

孙蕙兰，汴州（今河南开封）人，元代傅汝砺妻。喜茶茗。有绿窗诗十八首，其二为咏茶诗："小阁烹香茗，疏帘下玉钩。灯光翻出鼎，钗影倒沉瓯。婢捧消春困，亲尝散暮愁。吟诗因坐久，月转晚妆楼。"孙蕙兰咏茶之诗，娴雅可观，意味流畅，然不多作，常毁其稿，故存者多为可取之处，有其夫为之编辑的《绿窗遗稿》传世。

张玉娘，浙江松阳人，字若琼，号一贞居士，生活在13世纪。曾祖父是宋淳熙进士，祖父、父亲都做官。由于家庭的熏陶，人聪颖，诗文为当时人所推崇。她具有强烈的爱国主义精神与忠贞不二的高尚情操。存诗116首、词16阕，体裁多样。松阳是茶乡，当地都有饮茶习俗，张玉娘也爱茶。她的诗中就有一些咏茶诗。她在《清昼》中写道："昼静春偏远，诗成兴转赊。看山凭画阁，问竹过邻家。摘翠闲惊鸟，烧烟晓煮茶。无端双蛱蝶，绕袖错寻花。"在《南乡子·清昼》中写道："疏雨动轻寒，金鸭无心爇麝兰。深院深深人不到，凭阑。尽日花枝独自看。销睡报双鬟，茗鼎香分小凤团。雪浪不须除酒病，珊珊。愁绕春丛泪未干。"这是位有才华的女诗人，可惜红颜薄命，只活到28岁。张玉娘，这位诗人具有兰的芬芳、雪的晶莹，1986年松阳县文联将她的诗词编辑成了《兰雪集》。

倪仁吉（1607—1685），字心蕙，号凝香子，浙江浦江人，17岁嫁义乌县大元村抗倭名将吴百朋曾孙吴之艺为妻，婚后未满三年，夫病逝，抚育本家过继子三人。倪仁吉出生官宦世家，父倪尚忠，明万历二十六年(1598)进士，为官清正，能诗文。倪仁吉7岁习《女诫》，十二三岁习《论语》等四书，不仅能诗文，而且善刺绣书画文，琴、棋、书、画、刺、诗、茶皆臻精妙，尤其刺绣不露针线痕迹，曾用深青色丝在绫上绣《心经》一卷，如镂金砌玉，妙入秋毫。她尤长发绣，其刺绣存世者，有在中国国家博物馆的《种树图》（丝线绣）、义乌博物馆的《春富贵图》（丝线绣），还有在日本国家博物馆的《傅大士像》（发绣）。她的绘画兼收并蓄，尤擅山水人物。丹青存世者有浙江省博物馆的《仕女图》，义乌博物馆的《梅鹊图》《花鸟图轴》等。她的书法自成一体，擅长小楷，苍劲有力。

倪仁吉一生过的是悠然自在的诗茶生活。她的主要诗作是《凝香阁诗稿》，共三卷：第一卷《凝香阁诗集》各体诗 150 首；第二卷《宫意图诗》七绝 34 首；第三卷《山居杂咏》五绝 146 首。其佳作有《暮春》《焚香》《春残》《春闺》《自遣》《睡起》《玩月》《坐月》《愁》《筑圃》《听鸟》《高枕》《黏蝶》《玩贴》《夜坐》等。

从以上诗篇可以看出她读书临帖、煮茗赏花、抚琴弄棋，过的是悠然自在的物外生活。她一生嗜茶，清茗相随，与茶结缘，煮茶赏花。她的咏茶诗意境清绝，凄楚动人，含蕴丰富，语言浅显。

如《即事》：

松风谡谡茶声沸，晓露涓涓竹色青。
长日幽人无一事，小轩独坐榻黄庭。

如《春残》：

垂杨拂拂雨潇潇，满院残红点点飘。
茶熟香清初睡起，曲廊斜照伴无聊。

如《高枕》：

香醍值新笋，供我佐茗饮。

浅啜已颓然，西窗寄高枕。

如《探梅》：

煮雪茗味清，探梅携到圃。

梅开固有馨，梅结心殊苦。

如《幽居即事》：

小筑依山远俗哗，幽楼自拟上清家。只携瓶水时浇菊，

旋拾枯枝漫煮茶。独坐怡情堪茂树，饱餐清味足明霞。

秋来野况同麋鹿，墅外矶头度岁华。

倪仁吉终身守寡，67岁时，朝廷以“青年失偶，白首完贞”建坊旌表。

董小宛，明末南京秦淮名妓，“秦淮八艳”之一。遇如皋冒襄，坚欲委身，以负累决裂，幸钱谦益以三千金偿其逋，遂为冒妾。董小宛嗜茶，并独嗜江苏宜兴的岕片茶。冒襄也独嗜岕片茶。明末清兵南下，同冒襄辗转于离乱之间达九年。董小宛终因为拒绝明末降将洪承畴与清太祖（努尔哈赤）十五子多铎的侮辱，纵身撞在粉壁之上，鲜血溅地而亡。身前留下《七

绝》两首，其一：“功名利禄总浮云，一念是非百世人。早有前妻堪借鉴，愿君记取身后名。”又附一行小字：“别矣冒郎，善自珍重，望勿以薄命人为念，匆匆九载，历尽艰辛……为之奈何，泪枯肠断饮恨终天，薄命妾董白泣书。”董小宛死后，冒襄写了以同嗜岕片茶为内容的怀念诗《影梅庵忆语》，记述董小宛生平及其行事，清绝动人，冒襄著有《岕茶汇抄》。

吴兰，清代女诗人，《采茶行》作者，生平不详，歌词如下：

山家女儿鬓盘鸦，雨前雨后采新茶。涧水清淪浑似镜，

凌波照见颜如花。采不盈筐长叹息，三年辛苦向谁说。

担向侯门不值钱，一瓯春雪千山叶。

注：诗见《清诗铎》上卷。

吴兰的诗歌尽情歌颂采茶女的辛勤劳动和艰苦生活。

吴藻，字苹香，清代浙江仁和（今杭州）人，生平待查。能文能诗，以钱塘女词人著称。今录吴藻咏茶诗一首：“临水卷书帷，隔竹支茶灶。游绿一壶寒，添入诗人料。”这是一首图画般的咏茶诗。临水捧卷读书，竹间安灶烹茶，一壶幽幽绿茶，增添了诗意素材。真是茶醉酒不醉！

杨凤年，女，制壶高手，系清代乾嘉年间宜兴著名制壶家杨彭年（号大鹏）之妹。杨彭年及弟杨宝年、妹杨凤年均为宜兴名家。他们与当时出任溧阳县宰的陈鸿寿合作进行制壶。杨家三兄妹按陈鸿寿的设计不靠模具成型，而以手工捏造，浑然天成，巧夺天工。再由陈鸿寿及幕友分别在坯件上题句铭刻，壶与诗文书法篆刻融为一体，名曰“曼生壶”。“字依壶传，

壶随字贵”，有大量传世之作。南京、上海博物馆均有收藏“曼生壶”。“曼生壶”在我国紫砂壶史上独树一帜，与杨凤年的参与制作是分不开的。

陈球花，生于1914年，今人尚在，浙江磐安县胡宅乡横路村人。她是一位农妇，对茶事的主要贡献是一生绝大多数时间在茶亭为过往行人烧水泡茶解渴。她在年轻时，为维持生计，种二亩施茶寺田，接过当地澄溪岭集福寺和尚施茶的班，为人烧水泡茶前后近79年。澄溪岭是“磐新古道”的必经之地，在茶叶、白术产季，当地过往行人多，一天要烧6担水的茶。她一生为过路行人烧水泡茶，现在已经是百岁老人，但生活仍然能自理。她说：“自己身体好，主要是山里茶乡山水好空气好。”

雷成女，畲族女，她的中国茶事在国际上有深远影响，主要制作惠明茶。惠明茶产于浙江省瓯江上游云和县赤木山惠明寺附近，《景宁县志·卷一二》记载：“茶，随处有之，以产惠明寺大漈者为佳。”春分前后开园，采一芽一叶，经摊放、杀青、揉捻、理条、提毫、摊凉、炒干等工序制成。1915年，惠明茶参加巴拿马万国博览会，荣获一等证书和金奖。参奖的惠明茶，是雷成女炒制的。

宋继李清照后女诗人朱淑真

朱淑真，宋代钱塘（今杭州）人，是继李清照（1084—1155）后又一位女词人。朱淑真多才多艺，擅长诗词、弹琴、绘画，但一生坎坷，详细的生平事迹婚姻等都留有许多争议。她晚于李清照数十年出生，但人们常把她的才华与李清照相比。

在李清照、朱淑真的诗词中，都散发着浓厚的清香茶味。李清照晨起梦断以香茗消梦，“酒阑更喜团茶苦，梦断偏宜瑞脑香”（《鹧鸪天》），“碧云笼碾玉成尘。留晓梦，惊破一瓯春”（《小重山》），“病起萧萧两鬓华，卧看残月上窗纱。豆蔻连梢煎熟水，莫分茶”（《摊破浣溪沙》）。朱淑真的诗集中，也有许多茶的幽香。如《纳凉即事》诗曰：“旋折莲蓬破绿瓜，酒杯收起点新茶。飞蝇不到冰壶净，时有凉风入齿牙。”

朱淑真的诗集，名曰《断肠诗集》《断肠词》，被其父母一火焚之，“百里存一”，但流传民间的仍有约300首。她一生的最大不幸，是父母失审，把她嫁于市井民家，不能选择意中人成为伉俪，于是一生郁郁，忧愁怨恨。她的诗词许多是断肠的春愁诗。如《问春》《伤春》《诉春》《惜春》《恨春》等，以诗消愁，以诗解闷。如《立春前一日》：“芳草池塘冰未薄。”《中春书事》：“乍暖还寒二月天，酿红酝绿斗新鲜。”《晚春有感》：“断肠芳草连天碧。”她的断肠诗，使古今许多断肠人流下同情泪。

朱淑真诗词的另一个鲜明特征是诗外有意、弦外有音，具有含蓄之美。她的《窗西桃花盛开》诗曰："尽是刘郎手自栽，刘郎去后几番开。东君有意能相顾，蛱蝶无情更不来。"这首诗很明显引用了唐刘禹锡因写玄都观看桃花诗被贬出京，十四年后被召回写的《再游玄都观》："前度刘郎今又来。"但在朱淑真的诗中，所指刘郎是谁？无情蛱蝶是谁？这些都给人留下了无限的深思。

朱淑真诗词的坦率激昂又是一个特征。她有《愁怀》诗两首，其一："鸥鹭鸳鸯作一池，须知羽翼不相宜。东君不与花为主，何以休生连理枝。"她的婚姻是听从"父母之命，媒妁之言"封建伦理决定的，她在诗中大声疾呼，"东君"既不能为花做主，又为何生出连理枝呢？

对多才多艺的朱淑真，在当时的钱塘民间，还广泛流传着她写诗救父的故事。据传，朱淑真的父亲一天骑着毛驴进城，不慎把州官撞倒，州官不仅要将毛驴充公，还把朱父关押，要打三十大板。朱淑真急忙赶到州衙，州官早闻朱淑真是个才女，就判决要她作一首"不打"诗，要求诗中有八个"不打"的内容，又不能在诗里出现一个"打"字，若成，其父可免惩处。朱淑真不慌不忙，略加思考，当堂诵吟："月移西楼更鼓罢（不打鼓），渔夫收网转回家（不打网）。卖艺之人去投宿（不打锣），铁匠息炉正喝茶（不打铁）。樵夫担柴早下山（不打柴），飞蛾团团绕灯花（不打茧）。院中秋千已停息（不打秋千），油郎改行谋生涯（不打油）。毛驴受惊碰尊驾，乞望老爷饶恕他。"州官一听，拍案叫绝，诗句押韵，顺理成章。八句都含"不打"的意思，又没有出现一个"打"字，于是就放了朱父，归还毛驴。

九位茶人英烈传记

茶为国饮，人说茶人多长寿。然而有些茶人不负祖国人民，一生功绩显著，贡献巨大，但因奸佞暗计，或因反动派、日寇陷害，多在英年就被夺去了生命。他们临死不屈、大义凛然的英雄气概光照千秋，永远是后人学习的榜样。今将金华人民熟悉的 9 位茶人或茶学家的英烈事迹介绍如下。

颜真卿（709—784），字清臣，京兆万年（今陕西西安）人。唐开元年间进士，任殿中侍御史，杰出书法家。开元年间，遭杨国忠排挤被贬为湖州刺史。当时与茶圣陆羽、茶僧皎然交往密切，三人在吴兴抚育顾渚山茶园，品茗间经常以联句作诗酬应。《全唐诗》联句第一卷中，他们三人在吴兴的联句，颜真卿领衔的就有21首，其中皎然参与19首，陆羽参与6首。颜真卿对建在顾渚山的“三癸亭”（癸丑年、癸卯月、癸亥日）写有《题杼山癸亭得暮字》咏茶诗篇：“杼山多幽绝，胜事盈跬步。前者虽登攀，淹留恨晨暮。及兹纡胜引，曾是美无度。欻构三癸亭，实为陆生故。高贤能创物，疏凿皆有趣。不越方丈间，居然云霄遇。巍峨倚修岫，旷望临古渡。左右苔石攒，低昂桂枝蠹。山僧狎猿狖，巢鸟来枳椇。俯视何楷台，傍瞻戴颙路。迟回未能下，夕阳明村树。”题序曰：“亭，陆鸿渐所创。”（见《全唐诗》卷一五二）

后颜真卿被朝廷召回，官至吏部尚书、太子太师。唐德宗时，节度使李希烈造反，颜真卿由于得罪了权臣，被朝廷派去劝谕李希烈投降。当时颜真卿已经 70 多岁，他毅然接受了这一使命。到了叛军那里，颜真卿正准备宣读诏书，就遭受李希烈手下的谩骂与恐吓。颜真卿气宇轩昂，毫无惧色，镇定而勇敢的气度，反而让李希烈对他敬畏不已。后来有人劝李希烈说："颜真卿是唐朝德高望重的太师，相公您想自立为王，太师他自己上门来了，这难道不是天意吗？宰相的人选除了他，还有谁更合适？"颜真卿听了这番话后，威怒不已，大声呵斥他们不知廉耻。他说："颜家的子弟只知道要守节，就是牺牲生命也绝不变节，我怎么可能接受你们的利诱？"最后叛贼痛下毒手，颜真卿被李希烈缢死，他在生命最后一刻仍在大骂他们是"逆贼"。后人多知颜真卿书法好，是茶人、茶学家，却很少知道他品质高尚。他凛然就义的气节，让后人永远地缅怀与追念。

张巡（708—757），唐蒲州河东（今山西永济）人，开元进士。唐天宝、至德时的一件著名茶事是张巡得茶之助驻守睢阳（今河南商丘）。

天宝十四年（755），安禄山得唐玄宗、杨贵妃之宠，兼任平卢、范阳、河东三地节度使，聚众 15 万起兵叛乱，史称"安史之乱"。当时张巡以真源令起兵守雍丘（今河南杞县），抵抗安禄山军。至德二年（757），移守睢阳，与太守许远共同作战。在内无粮草外无救兵的情况下，贼氛方炽，孤城势弱，人困食竭，张巡率众以纸布煮而食之，时以茶汁和之，艰苦度日，坚守数日不屈，江淮才得以安全。睢阳失守后，张巡与部将南霁云等同遭杀害，张巡受害之日，正是安禄山被诛平叛之时。

郑刚中（1088—1154），字亨仲，一字汉章，金华人，南宋大臣。绍兴二年（1132）以第三名进士及第，是金华在科举时代唯一的探花，历任殿中侍御史、川陕宣谕使、四川宣抚副使等要职。郑刚中钟情于田园诗，其诗具有极高审美价值。由于生长在金华茶区，一生嗜茶，因此他的田园诗不少是咏茶的诗文和诗篇，诗篇的主要特点是借物抒情，安贫乐道，贴近生活，含蕴丰富。见于《北山集》者，主要有《石磨记》《磨茶寄罗池》《予嗜茶而封州难得》《春到村居好四绝》《义荣见示禅月山居诗》《春晴二首》《僮方捣茶知予昼寝辍捣以待呼而戒之》……如《春到村居好四绝》之一："春到村居好，茅檐日渐长。杯深新酒滑，焙暖早茶香。"《春晴二首》之一："午梦悠扬一蝶轻，隔窗惊觉捣茶声。偶然樽酒得佳趣，半夜花间灯火明。"

郑刚中为人刚正不阿，充满爱国之心，当时金兵入侵，秦桧独揽朝政，陷害忠良，卖国求荣，对金力主议和。郑刚中针对金兵入侵，在是战是和大是大非问题上，没有因为先前秦桧对他的赏识和提拔而附和，而是力陈和议之弊，力主抗金。绍兴十一年（1141），王伦挟金使来议和，枢密院编修胡铨上书，请斩与金人议和的王伦、秦桧，皇帝发怒，胡铨祸在旦夕，众臣不敢为胡铨说话，郑刚中凭着满腔正义，极力营救，因此得罪秦桧，秦桧怀恨在心。绍兴十四年（1144），郑刚中担任陕西分画地界使，奉命到陕西与金使划定疆界。金使乌陵"赞谟入境，欲尽取阶、成、岷、凤、秦、商六州"，郑刚中力争不从；金使又欲取商、秦于大散关之界，郑刚中仍坚决不从，据理力争，面折金使。绍兴和议后，郑刚中改任四川宣抚副使，治州方略独备，经划调度、军政事务井井有条。行屯田，免杂征；严教训，重积聚；整军旅，强武备；以川茶易战马，金兵不敢侵犯，时有"宗泽猛虎在北，刚中伏熊在西"的赞誉。蜀中因此军士乐从，农夫乐耕，民殷富足。

秦桧见蜀中日渐富足，令郑刚中进金三万两并加派赋税，遭郑刚中拒绝。秦桧以“妄用官钱”“网罗死党”“为臣不忠”“暴敛困民”“密遣爪牙”“窥伺朝政”等种种罪行诬陷郑刚中。郑刚中由是免职，提举江州太平兴国宫，桂阳监居住。后又将其免职、下狱，贬移封州（今广东封开县）居住，郑刚中当时生活极其困难，连他喜欢的茶叶也喝不上，于是就用一种苦涩的树叶泡水，每天喝两杯。秦桧仍不罢休，再指使其党羽将他折磨至死。郑刚中卒于绍兴二十四年（1154）五月二十三日，与其生日同月同日，时年67岁。尸体由妻石氏运回金华曹宅郭门村安葬。秦桧死后，郑刚中昭雪，追复原官，谥“忠愍”。郑刚中的一生，是大义凛然的一生。他为了国家，为了正义，敢于抵制，不怕得罪当朝奸臣秦桧，甚至不惜付出官位乃至生命代价，其爱国大义令人敬仰，让人赞叹，千古流芳。郑刚中原墓已被水库淹没，今已重建壮观新墓。

文天祥（1236—1283），字宋瑞，一字履善，自号文山、浮休道人，吉州吉水（今属江西）人。南宋宝祐四年（1256）状元及第，历任尚书、左司郎中、右丞相，加封少保、信国公。宋末政治家、爱国诗人、抗元名臣，民族英雄，与陆秀夫、张世杰并称“宋末三杰”。

文天祥茶学素养颇高，其中脍炙人口的茶诗，有《回叶茶场》诗：“车来今雨，载征濡辔之尘；旗展春山，远听杖藜之句。”《游青源二首》之二中有“活火参禅笋，真泉透佛茶”之句。在《晚渡》诗中有“汲滩供茗碗，编竹当蓬窗”之句。当他与元军议和被扣脱险后，路过镇江还借冷中泉水抒发爱国热情：“扬子江心第一泉，南金来此铸文渊。男儿斩却楼兰首，闲品茶经拜羽仙。”诗句充满爱国热情，可谓茶文化宝库中的璀璨明珠。

南宋祥兴二年（1279），文天祥兵败被俘，受俘期间，宁死不屈，在《过零丁洋》诗篇中写下了“人生自古谁无死，留取丹心照汗青”这样传诵千古的名句。

元至元十九年（1282）十二月八日，元世祖召见文天祥，亲自以高官厚禄劝降。文天祥只是长揖不跪，回答说：“我是大宋的宰相。国家灭亡了，我只求速死。不当久生。”元世祖又问：“那你愿意怎样？”文天祥回答：“但愿一死足矣！”元世祖十分气恼，于是下令处死文天祥。

次日，文天祥被押解到菜市口刑场。监斩官问：“丞相还有什么话要说？回奏还能免死。”文天祥喝道：“死就死，还有什么可说的？”他问监斩官：“哪边是南方？”有人给他指了方向，文天祥向南方跪拜，说：“我的事情完结了，心中无愧了！”于是引颈就刑，从容就义。死后，有人在他衣带中发现一首诗：“孔曰成仁，孟曰取义，惟其义尽，所以仁至。读圣贤书，所学何事？而今而后，庶几无愧。”文天祥死时，年仅 47 岁。

文天祥是我国传统历史中舍生取义的代表。他的死，使“山河顿即改色，日月为之韬光”。他坚贞不屈的民族气节和顽强的战斗精神，永远激励着一代又一代的后人，把浩然正气和不屈精神发扬光大。

王祎（1322—1373），字子充，号华川，义乌人，从小十分聪颖，曾拜本地著名的柳贯、黄溍为师，善于文章。他目睹元朝政衰敝，上书七八千言给宰相没有结果，遂隐居青岩山，著书立说，名声日盛。明太祖朱元璋率部攻取婺州，王祎应召，进《平江西颂》，朱元璋高兴地说：“江南有二儒，卿与宋濂耳。学问之博，卿不如濂；才思之雄，濂不如卿。”

洪武二年（1369），诏命宋濂、王祎主修《元史》，为总裁。《元史》

中《茶史》有5 200余字，包括《世祖本纪》三、四、六、七、十二、十三，《成宗本纪》一，《仁宗本纪》一、二、三，《文宗本纪》三，《顺帝本纪》一、六，《食货志》二、五及《邓文源传》诸书，当年成书后，升翰林待制，同知制诰兼国史院编修，次年，预教大本堂（教太子读书）。

王祎常思茶，在他的著作中有“苦乏尊中物，清茶瀹新磁”的诗句。他在完成包括《茶史》在内的《元史》后，接到朱元璋出使吐蕃的命令。已过兰州，洪武四年（1371）诏令返程，接受更艰巨的平定云南的任务，诏谕梁王归顺明朝。王祎义无反顾，昂然就道，到达昆明当天，即诏谕梁王，尽快奉上户籍册和地图给朝廷方面掌管，不然天子即将讨伐过来。梁王不听从，王祎又诏谕说：“朝廷考虑到云南百万生灵，不忍荼毒于锋刃。如果你抵制大明皇帝命令，天朝即将率领骁勇将领与装备精良的士兵，在昆明与你会战，到时你就后悔莫及了。”梁王被吓服，原将他安置在偏房居住改为正馆居住。当时正逢元朝残余势力派遣脱脱到云南征军饷。脱脱威胁梁王，一定要杀掉王祎。梁王逼不得已交出王祎，脱脱想让王祎屈服于他。王祎怒叱道：“上天不久就要完结你元朝的命，你小小的火把余烬，竟敢和日月争辉，何况你我都是使臣，我怎么能屈服于你！”有人劝脱脱说：“王先生久负盛名，不能杀。”脱脱将手一摆说道：“今天就是孔圣人，也没有情面可讲。”王祎回头说道：“你杀了我，朝廷大军即将到来，你的祸患就要接踵而来了。”结果王祎被杀害，遇害那天是十二月二十四日。梁王派人祭奠，收集他的衣物入殓。明建文年间，朝廷追赠王祎诏赠翰林学士，谥文节，正统年间又改谥忠义。成化年间下令立祠祭祀，王祎为了明代江山社稷，面对元朝残余势力脱脱等人，大义凛然，舍身献义，可谓忠义两全。

于谦（1398—1457），字廷益，浙江钱塘（今杭州）人，明永乐年间进士。历任御史、兵部侍郎和河南、山西巡抚，后升任兵部尚书，前后19年有惠政。

于谦出生于杭州，当地龙井茶闻名全国，他亦有饮茶嗜好，在军政事务繁忙中还写诗文，著作有《于忠肃集》，其中也有咏茶诗。其代表作是《寒夜煮茶歌》："萧条厨传无长物，地炉爇火烹茶汤。初如清波露蟹眼，次若轻车转羊肠。须臾腾波不可遏，展开雀舌浮甘香。一瓯啜罢尘虑净，顿觉唇吻皆清凉。"（节选）诗篇将寒夜煮茶描绘得淋漓尽致，风味高雅，他称得上是位茶人。

明正统十四年（1449），明英宗率军与蒙古族瓦剌部首领也先作战，在土木堡战役中英宗被俘。监国郕王擢于谦为兵部尚书，全权经划京师防御。于谦拥立成王为景帝，率军迎战将也先击退，加少保。景泰元年（1450），也先请和，送还英宗。景泰八年（1457），原为于谦部下的石亨（？—1460），勾结宦官曹吉祥等，发动复辟迎英宗复位，改元天顺，诬陷于谦谋逆，于谦被英宗杀害。

于谦对击退瓦剌立下赫赫战功，全力卫国安民，最后却被杀害。约30年后，明弘治初年，为于谦平反昭雪，赠太傅，建于谦之墓于杭州，墓有"丹心托月，赤于擎天"等对联。

秋瑾（1875—1907），中国近代民主女革命家，字璿卿，号竞雄，自号鉴湖女侠，浙江山阴（今绍兴）人。曾东游日本，加入同盟会，回国后，创办《中国女报》，在绍兴建"大通学堂"，组织革命军，准备起义推翻满清政权。因事发被捕，就义于绍兴轩亭口。

秋瑾为我们留下近200首诗词，这是一笔重要的精神财富。她的家乡绍兴，自古就是茶乡，日铸茶是绍兴名茶。秋瑾从小在这里长大，有许多有关茶水的著作。她从日本编译的《看护学教程》一书中知，对病人用茶水护理，要求茶不宜浓，茶叶须用上品新茶，水不宜用带有病毒的池沼之水，惟河之源大者可用。这些要求非常符合今天生态环保的要求。

在秋瑾的诗词中，除部分是咏物、怀人、怀古等内容外，“秋风秋雨愁煞人”的诗句，充分表达了她对封建黑暗统治的不满，对吃人礼教的反抗，对国家和民族的深情。秋瑾的革命誓言是“危局如斯敢惜身，愿将生命作牺牲”“拼将十万头颅血，须把乾坤力挽回”。她在上海创办的《中国女报》，鼓吹民主革命，争取男女平权、妇女解放。她作的诗词中，喊出了“身不得，男儿列，心却比，男儿烈”“漫云女子不英雄，万里乘风独向东”的豪言壮语。秋瑾就义后，复仇的起义怒潮响彻浙江乃至全国各地，辛亥革命终于推翻了清朝统治。秋瑾就义后，孙中山先生亲笔写了“巾帼英雄”的挽幛，深表哀悼。1939年3月，周恩来曾写下“勿忘鉴湖女侠之遗风，望为我越东女儿争光”的题词。今杭州西泠桥畔的风雨亭，就是纪念秋瑾烈士的。

邵飘萍（1886—1926），原名镜清，后改为振青，字飘萍，祖籍东阳，金华市区人，民国时期著名报人，革命志士。1925年加入中国共产党，支持群众反军阀斗争。1926年4月26日，被奉系军阀杀害。

邵飘萍生长在浙中茶区，具有丰富的茶文化知识。1924年段祺瑞被奉系军阀推任中华民国临时政府临时执政后，一次邵飘萍以《京报》记者身份对段祺瑞进行采访时，两人谈茶，邵飘萍介绍了茶香如兰的苏州虎丘、天池茶。唐陆羽著有《茶经》，宋蔡襄著有《茶录》，邵飘萍讲煮茶以缓火为炙，活火为煎；水初滚，时有泡沫上翻者，为一沸，即如鱼目微舒；四周水泡连翻者，为二沸，即如涌泉连珠；全面沸腾如波涛，为三沸，即腾波鼓浪。水沸后，水汽未消，谓之嫩，水逾十沸，谓之老。嫩老皆不能发茶之香。临别时邵飘萍还说："以后带点家乡东白茶给老总尝尝。"邵飘萍称得上是位茶学家。

邵飘萍酷爱新闻事业，有"新闻救国"之志。1912年，他任《汉民日报》主编，抨击袁世凯"盗民国之名，行独裁之实"的阴谋。1913年8月，浙江当局以扰害治安罪和"二次革命"嫌疑罪，查封了《汉民日报》，逮捕邵飘萍，邵飘萍被捕三次，下狱九月。他曾遭过暗杀，出狱后只得到日本暂避。1915年初，日本和袁世凯提出灭亡中国的"二十一条"，邵飘萍立即驰返国内，成为讨袁斗争第一人。1915年12月袁世凯称帝，邵飘萍匆匆返回祖国，参加反袁护国斗争，为《申报》等报刊执笔。

1916年，袁世凯死后，上海《申报》社长聘请邵飘萍为驻京特派记者。两年间，他为《申报》发了200篇计22万字的《北京特别通讯》，文章真实、生动、犀利，一针见血，脍炙人口，风靡大江南北。

1918年10月，他辞去《申报》驻京特派记者之职，创办了著名的《京报》，开创了20世纪中国独立的新闻事业。他主张报纸应该监督政府，还应教育民众，唤醒民众。1918年10月，他促成了北京大学新闻学研究会，并举办讲习班，蔡元培聘他为导师，这是中国新闻教育的开端。1919年5月4日，他办的《京报》热情支持五四运动。同年8月，因《京报》屡屡发表批评政府腐败的文章，被段祺瑞政府查封，邵飘萍遭到通缉，被迫第二次亡命日本。1920 年，邵飘萍回国，《京报》复刊。他热情赞颂十月革命，介绍马克思主义思想，对共产主义运动做了大量报道。

1925 年底，邵飘萍利用《京报》的一个特刊，历数张作霖的恶迹。张作霖以 30 万元贿赂邵飘萍，希望《京报》为他说话。没想到邵飘萍立即将款退回，并一如既往地揭露“大帅”。张作霖对他恨之入骨，发誓要打进北京活捉枪毙邵飘萍。1926 年 4 月，张作霖悬赏、捕杀邵飘萍，吴佩孚也密令到京缉捕邵飘萍。被军阀收买的邵飘萍旧交张翰举，将邵飘萍从报馆骗出予以逮捕。4 月 26 日凌晨 1 时许，警厅把邵飘萍“提至督战执法处，严刑讯问，胫骨为断”，以“勾结赤俄，宣传赤化”的罪名，秘密判处他死刑。4 月 26 日 4 时 30 分，邵飘萍被押赴天桥东刑场。临刑前，他面向尚未露出曙光的天空，哈哈大笑，从容就义，年仅 40 岁。1949 年 4 月，毛泽东亲自批文追认其为革命烈士。后人赞誉其“飘萍一支笔，抵过千万军”。为纪念中国新闻史上最光彩夺目的名字——邵飘萍，今金华婺州公园北侧立有他的铜像。

郁达夫（1896—1945），浙江富阳人，中国小说家、散文家、诗人，伟大的爱国主义者，革命烈士，青年时代曾留学日本。抗日战争时期，从事抗日宣传工作，新加坡文化界抗日联合会主席。流亡苏门答腊，1945 年 8 月 29 日，被日本宪兵队暗杀。

郁达夫留有诗词 400 多首，其中部分是与茶有关的抒情怀乡之作，今录五首如下。

《奉答长嫂兼呈曼兄四首》之二：

昔年作客原非客，骨肉天涯尚剩三。
今日孤灯茶榻畔，共谁相对话江南？

《晚兴》：

斜阳已下小山坡，早月迎凉映女萝。幽室人疑孤岛住，
危栏客数阵鸿过。烟丝袅袅抽愁出，花气愔愔酿梦多。
恻楚轻寒萦晚兴，只应茗碗与销磨。

《登杭州南高峰》：

病肺年来惯出家，老龙井上煮桑芽。五更衾薄寒难耐，
九月秋迟桂始花。香暗时挑闺里梦，眼明不吃雨前茶。
题诗报与朝云道，玉局参禅兴正赊。

《临安道上即景》：

泥壁茅蓬四五家，山茶初茁两三芽。
天晴男女忙农去，闲杀门前一树花。

《赠宋某》：

万卷图书百亩山，广平老去剧清闲。

驱车莺鹤亭前过，为乞新茶一叩关。

郁达夫作品集有《郁达夫选集》《郁达夫小说集》《郁达夫散文集》《郁达夫游记集》《郁达夫日记》《郁达夫随笔》等。

读杜牧清明诗咏茶诗韵味无穷

杜牧（803—约852），唐代文学家，字牧之，京兆万年（今陕西西安）人，大和二年（828）进士，历任监察御史，黄、池、睦州刺史等，官终中书舍人。其诗在晚唐成就颇高，后人称杜甫为“大杜”，杜牧为“小杜”。能文，最有名的是《阿房宫赋》。

杜牧被收入《全唐诗》的诗篇共有457首，然而流传最广、最让人喜爱的《清明》“清明时节雨纷纷，路上行人欲断魂。借问酒家何处有？牧童遥指杏花村”，却没有被收入《全唐诗》。

据说，杜牧的《清明》当时交人刻印，却被刻印者改为“清明雨纷纷，行人欲断魂。酒家何处有，遥指杏花村”。第二次刻印时，又被删改为“清明有雨，路断行人。酒家何处，在杏花村”。第三次刻印时，被删改为“清明雨，不宜行。酒何处，杏花村”。这使杜牧啼笑皆非，一怒之下，全部收回付之一炬。所幸他的《清明》诗写成后，曾读给乡村邻里的诗词爱好者听过，后人就把他的《清明》收入了唐宋时期广泛流传且带有启蒙性质的《千家诗》。他的《清明》才一直流传到现在，令人吟之不倦，啧啧称好。

从杜牧收入《全唐诗》的诗篇来看，他既是酒客，又是茶人。他的两首独酌诗中，有“生前酒伴闲，愁醉闲多少”“窗外正风雪，拥炉开酒缸”之句。他的《醉眠》诗云：“秋醪雨中熟，寒斋落叶中。幽人本多睡，更酌一樽空。”《醉题》诗云:“醉头扶不起，三丈日还高。”《雨中作》诗云:“一世一万朝，朝朝醉中去。”

说杜牧是茶人，是因为在他的诗篇中，有许多别具一格、描摹精妙的咏茶诗，特别在任黄、池、睦州刺史，在湖州游览顾渚山时留下的咏茶诗，熠熠生辉，吟之不倦。今录五首如下。

如《游池州林泉寺金碧洞》:

袖拂霜林下石棱，潺湲声断满溪冰。

携茶腊月游金碧，合有文章病茂陵。

如《题茶山》:

山实东吴秀，茶称瑞草魁。剖符虽俗吏，修贡亦仙才。

溪尽停蛮棹，旗张卓翠苔。柳村穿窈窕，松涧渡喧豗。

等级云峰峻，宽平洞府开。拂天闻笑语，特地见楼台。

泉嫩黄金涌，牙香紫璧裁。拜章期沃日，轻骑疾奔雷。

舞袖岚侵涧，歌声谷答回。磬音藏叶鸟，雪艳照潭梅。

好是全家到，兼为奉诏来。树阴香作帐，花径落成堆。

景物残三月，登临怆一杯。重游难自克，俯首入尘埃。

注：山有金沙泉，修贡出，罢贡即绝。

如《茶山下作》：

春风最窈窕，日晓柳村西。娇云光占岫，健水鸣分溪。

燎岩野花远，戛瑟幽鸟啼。把酒坐芳草，亦有佳人携。

如《入茶山下题水口草市绝句》：

倚溪侵岭多高树，夸酒书旗有小楼。

惊起鸳鸯岂无恨，一双飞去却回头。

如《春日茶山病不饮酒因呈宾客》：

笙歌登画船，十日清明前。山秀白云腻，溪光红粉鲜。

欲开未开花，半阴半晴天。谁知病太守，犹得作茶仙。

以上五首茶诗，除第一首外，其余四首都是叙述唐代著名茶山顾渚山产紫笋茶的诗篇。

后唐兰溪诗茶高僧贯休逸事

贯休（832—912），后唐五代兰溪人，工诗，善画，诵《法华经》过目不忘。俗姓姜，7岁出家，一生游历多地，唐天复年间入蜀，获封“禅月大师”。他多才多艺，书法被称为姜体，刚正不阿，为民谋利，有崇高威望。他有很多传说逸事，今录如下。

拒改“一剑霜寒十四州”诗名

贯休60多岁时，到杭州，作《献钱尚父》呈越王钱镠。诗云：

> 贵逼身来不自由，几年辛苦踏山丘。满堂花醉三千客，
> 一剑霜寒十四州。莱子衣裳宫锦窄，谢公篇咏绮霞羞。
> 他年名上凌烟阁，岂羡当时万户侯？

钱镠见诗大喜，因有统一海内之意，传语命改“十四州”为“四十州”方许相见。贯休答道：“州亦难添，诗亦难改，闲云野鹤，何处不可飞？”于是收拾衣钵，拂袖而去，飘然入蜀。

横眉冷对纨绔豪绅

贯休入蜀后，很得蜀主王建器重。一天，蜀主请他念诵他的近作，当时许多纨绔子弟和贵戚豪绅在座，他有意讽刺他们，背诵了一首《公子行》，又当场作了一首《少年行》：

锦衣鲜华手擎鹘，闲行气貌多轻忽。
稼穑艰难总不知，五帝三皇是何物。

蜀主王建听了很是称赞，但那些贵戚无不切齿痛恨。他的许多讽喻诗尖锐辛辣，一针见血。他的《题某公宅》是这样写的：

宅成天下借图看，始笑平生眼力悭。地占百湾多是水，
楼无一面不当山。荷深似入苕溪路，石怪疑行雁荡间。
只恐中原方鼎沸，无心未遣主人闲。

以诗劝善惩恶指斥弊政

贯休曾作一首《酷吏词》，歌词如下：

霰雨灂灂，风吼如劚。有叟有叟，暮投我宿。吁叹自语，云太守酷。如何如何，掠脂斡肉。吴姬唱一曲，等闲破红束。韩娥

唱一曲，锦段鲜照屋。宁知一曲两曲歌，曾使千人万人哭。不惟哭，亦白其头，饥其族！所以祥风不来，和气不复。蝗乎蠈乎？东西南北。

描写农村风情的小诗非常生动

贯休曾作《春晚书山家屋壁二首》：

其一

柴门寂寂黍饭馨，山家烟火春雨晴。

庭花蒙蒙水泠泠，小儿啼索树上莺。

其二

水香塘黑蒲森森，鸳鸯鸂鶒如家禽。前村后垄桑柘深，

东邻西舍无相侵。蚕娘洗茧前溪渌，牧童吹笛和衣浴。

山翁留我宿又宿，笑指西坡瓜豆熟。

陆游晚年“茶甘饭软”的休闲生活

陆游创作的诗词今存9 300首，其中茶诗380首。人说：“人生七十古来稀。”陆游除了“人生七十古来稀”之外，还多了一个“诗词九千古来稀”。陆游一生极力主张北伐抗金，却激怒孝宗皇帝而被贬为镇江通判。自此以后，一直仕途坎坷，壮志难酬，经常与茶酒为伴。他65岁时回到茶乡山阴故里隐居养老，“采茶歌里春光老，煮茧香中夏景长”描绘了乡村四月的田园风光。陆游在隐居养老过程中，“茶甘饭软”的生活聊以自慰。他在《春晚杂兴》中写道：“病疡无意绪，闭户作生涯。草草半盂饭，悠悠一碗茶。笑穿居士屦，闲看女郎花。莫问明朝事，忘家即出家。”在《书喜》中写道：“眼明身健何妨老，饭白茶甘不觉贫。”在《沁园春》中说：“幸眼明身健，茶甘饭软；非惟我老，更有人贫。”

其实，陆游晚年“茶甘饭软”的生活，虽然可以做到“不觉贫”，但很难忘却“爱国情”。忧国忧民的陆游，虽然闲居山阴故里，表面上看来有些消极，但心里仍然是万分愤慨。他在《诉衷情》中说：“胡未灭，鬓先秋。泪空流。此生谁料，心在天山，身老沧洲。”充分表达了他爱国有志、报国无门的愤恨心情。

陆游晚年在家乡闲居的生活中，茶灶笔床随身不离。他在《龙钟》中说：“幸有笔床茶灶在，孤舟更入剡溪云。”深深感到烹茶品茗是养生的一件乐事。

当时的陆游，尽管青壮年时期“上马击狂胡，下马草军书”的那种雄心壮志，经过多次坎坷已经起了一些变化，但仍然觉得壮志未酬。自己虽然已经是“丝毫尘事不相关”，但心里还是“老却英雄似等闲”（《鹧鸪天》）。在寓愤诗中，更有“可怜万里平戎志，尽付萧萧暮雨中”的感叹。

陆游一生嗜茶，晚年住在山阴乡下，对茶圣陆羽更为崇敬，终身不忘桑苎家风。他在《安国院煎茶》一诗中写道：“我是江南桑苎家，汲泉闲品故园茶。”这尤其表现在他八十三岁时写的一首《八十三吟》：“石帆山下白头人，八十三回见早春。自爱安闲忘寂寞，天将强健报清贫。枯桐已爨宁求识？敝帚当捐却自珍。桑苎家风君勿笑，它年犹得作茶神。”陆游在晚年经常仔细研读陆羽的《茶经》，不但以陆氏桑苎家风自喻，还怀疑自己是陆羽的托身，他在《戏书燕几》中写道：“水品茶经常在手，前身疑是竟陵翁。”陆游晚年对续写《茶经》的意愿非常强烈，在诗中写道：“遥遥桑苎家风在，重补茶经又一编。”他生前续写《茶经》的愿望虽然未能实现，但不影响他对茶文化所做的巨大贡献。

在陆游晚年的茶诗中，多处提到兰亭之北的茶市。如在《湖上作》中说：“鹅儿泾口晓山横，蜻蜓港口春水生。兰亭之北是茶市，柯桥以西多橹声。”对于兰亭之北的茶市，陆游在《兰亭道上》有四首赞誉诗。今录其中二、三两首。其二：“兰亭步口水如天，茶市纷纷趁雨前。乌笠游僧云际去，白云醉叟道傍眠。”其三：“陌上行歌日正长，吴蚕捉绩麦登场。兰亭酒美逢人醉，花坞茶新满市香。”从上述诗中可以得知，兰亭之北的茶市相当繁荣，上市新茶主要是雨前茶，还有春蚕以后采的夏茶，同时说明陆游晚年可能常去这个茶市，是“茶甘饭软”生活的组成部分，否则他也写不出如此贴近生活的咏茶诗篇。

注：陆游一生曾三次寓居安文镇（原属东阳，今为磐安县），都留下了包括茶事在内的珍贵史料。他 79 岁时，不负朋友重托，在临安（杭州）写了《智者寺兴造记》，后改为《重修智者寺广福禅寺记》，今碑珍藏于金华太平天国侍王府内，为国家一级文物。陆游受太守邀请，曾撰写《婺州稽古阁记》，婺州稽古阁今已不复存在。

明戏曲家汤显祖系茗客茶人

明代戏曲家、文学家汤显祖，其戏剧作品《牡丹亭》（亦称《还魂记》）、《紫钗记》、《南柯记》、《邯郸记》合称“临川四梦”，并以《牡丹亭》闻名于世，在《汤显祖诗文集》中，有许多优秀的咏茶诗文，从中可以得知他是一位品茶经验丰富的茶人。

汤显祖（1550—1616），字义仍，江西临川人，明万历年间进士，曾任南京太常寺博士、礼部主事，因不附权贵、仗义直行而被免官。1593—1598 年曾任遂昌知县，代表作《牡丹亭》是在遂昌任上写的。今录汤显祖咏茶诗文九首（篇）如下。

《雁山种茶人多姓阮，偶书所见》：

一雨雁山茶，天台旧阮家。暮云迟客子，秋色见桃花。

壁绣莓苔直，溪香草树斜。风箫谁得见，空此驻云霞。

《对纪公口号四首》其二：

清纪轻吟饭后茶，超无无恙酒前花。

一般茶酒都销得，柳树池头旧作家。

《竹屿烹茶》：

君子山前放午衙，湿烟青竹弄云霞。
烧将玉井峰前水，来试桃溪雨后茶。

《看采茶人别》：

粉楼西望泪眼斜，畏见江船动落霞。
四月湘中作茶饮，庭前相忆石楠花。

《题溪口店寄劳生希召龙游二首》其一：

谷雨将春去，茶烟满眼来。如花立溪口，半是采茶回。

《茶马》：

秦晋有茶贾，楚蜀多茶旗。金城洮河间，行引正参差。
绣衣来汉中，烘作相追随。以篦计分率，半分军国资。
番马直三十，酬篦二十余。配军与分牡，所望蕃其驹。
月余马百钱，岂不足青刍。奈何令倒死，在者不能趋。
倒死亦不闻，军吏相为渔。黑茶一何美，羌马一何殊。
有此不珍惜，仓卒非长驱。健儿犹饿死，安知我马徂。

羌马与黄茶，胡马求金珠。羌马有权奇，胡马皆骀驽。

胡强掠我羌，不与兵驱除。羌马亦不来，胡马当何如。

《建安王驰贶蔷薇露天池茗却谢四首》后二首：

已过西峰白露滋，天池寒色映青瓷。

梁玉忆得相如渴，正是幽兰醉雪时。

天池十月应霜华，玉茗生烟吐石花。

便作王侯何所慕，吾家真有建安茶。

《湖上有怀陶兰亭》：

竹叶新炊龙井香，睡魂清渴酒垆傍。

何时一棹山阴雪，为试陶家十六汤。

注：以上九首诗分别见于《汤显祖诗文集》卷一二、卷一八、卷一三、卷二一、卷一三、卷二〇、卷一八、卷二一。

另外，还有汤显祖在任遂昌知县时写给遂昌的茶诗：

平昌四见碧桐花，一睡三餐两放衙。也有云山开百里，

都无城郭凑千家。长桥夜月歌携酒，僻坞春风唱采茶。

即事便成彭泽里，何须归去说桑麻。

据说，今遂昌有两宝，一是金矿，二是汤显祖与《牡丹亭》。金矿有价，而汤公《牡丹亭》无价。孰轻孰重，一望而知了。

民间茶诗茶事清香绽放

茶文化在民间怎样代代相传

我国是茶树的原产地，随着茶产业发展而形成的茶文化源远流长。在这漫长的茶文化代代传承的过程中，存在作用不同的三者：历代统治阶层是茶文化传承的主导者，知识阶层是茶文化传承的总结推广者，而广大劳动人民则是茶文化传承的伟大实践者。这三者在茶文化传承发展过程中缺一不可。

我国是最早栽培茶树的国家，早在3 000多年前，我们的祖先就开始尝试栽培茶树。茶产业与茶文化相互依存，相互促进，相互发展。《晏子春秋》记述了晏婴以茶为廉，书中说晏婴担任齐景公相国时，吃的是糙米饭，“食脱粟之饭”“茗（茶）菜而已”。西汉《赵飞燕别传》中有“吾梦中见帝，帝赐我坐，命进茶”的啜茶记载。三国吴孙皓宴群臣饮酒时以七升为限，韦曜酒量不过二升，孙皓便赐以茗茶当酒。南朝齐武帝的遗诏，要求以“饼、茶饮、干饭、果脯”代替祭牲。隋代有“隋文帝患病，遇俗人告以烹茗服之，果然见效”的传说。唐代武宗、宣宗以后，“茶税屡增”“严厉禁私，不准私卖”，对茶已经实行“征税、专卖、管制”的榷茶制度。制茶品饮的方式，唐代流行饼茶，用煎茶法；宋代流行点茶法，即斗茶、分茶的技艺；到明代，明太祖朱元璋下诏推行“汲泉置鼎，一瀹便啜”，至今仍在沿用“泡茶法”。这一切都说明历代统治阶层在茶文化传承中起到主导作用，有利民的引导，也有不利民的引导。

知识阶层是茶文化传承的总结推广者。历代的茶书、茶诗、茶文以及茶的书画等，都是由知识阶层把种茶、制茶和品茗的经验记录下来形成字画留给后人的。至今仍在产生深远影响的《茶经》，就是唐代有“茶圣”之称的陆羽（733—804）撰写的，《茶经》是世界上现存最早的一部茶叶专著。

在封建社会，出身官宦世家或通过科举考试进入官场的知识分子，视茗茶为一种精神享受、艺术欣赏，认为茶可清心，陶冶情操，滋润生命，于是为后人留下了许多光辉灿烂的诗篇。唐代白居易（772—846）存诗3 000 多首，其中部分是咏茶诗，有谢寄新茶、醒后饮茶、尝雪水茶、以茶代酒、抚琴品茶等，他的咏茶诗反映了爱茶人的真情实感，洋溢着浓厚的茶文化气息。唐代卢仝（约 795—835）写的《走笔谢孟谏议寄新茶》，亦称《七碗茶歌》，写出了品茗的真实感受，至今仍然受到茶界的好评。宋代苏东坡（1037—1101）是当时咏茶诗词最多的作家，也是豪放派词的开拓者和代表。他在《汲江煎茶》中的“活水还须活火烹……自临钓石取深清”诗句，描述了取水、烹茶、饮茶的全过程及其功效。

值得一提的是科举时代一些落榜的知识分子，他们更是茶文化的积极总结推广者。唐陆龟蒙（? —约 881），进士考试落榜后，便在家乡劳动，通过观察实践，写出了著名的《茶坞》《茶人》《茶笱》《茶焙》等咏茶诗。清初李渔（1611—1680），29 岁考取府庠，乡试落第，绝意仕进，他著的《闲情偶寄》，面面俱到，茶具之论，见解独特。旧时金华在科举时代考取府庠落榜的童生、乡试落第之庠生，他们嗜茶品茗，积淀在民间的茶文化财富道之不尽。

还有羽客僧人，他们以“清静无为”“茶禅一味”总结推广茶文化。晋代许逊（239—374），人称“许真君”，对研制金华历史名茶“东白茶”起到了重要作用。五代前蜀贯休（832—912），既是诗僧，又是茶僧。《全唐诗》中收集了他的诗 700 多首，其中以茶谈禅诗 36 首。

茶文化传承发展的历史是广大茶农和劳动人民创造的。茶农亲自参加茶事全过程的生产劳动。他们在实践中积累了丰富的经验，对茶文化的传承发展具有不可磨灭的贡献。知识阶层总结推广的茶文化经验都是他们创造的，他们自己还有一套行之有效的传承方式，即在家庭中父子相传、母女相传，使茶文化生生不息，代代相传。产于浙江省瓯江上游云和县赤木山惠明寺附近的惠明茶，在 1915 年参加了巴拿马万国博览会，荣获一等奖证书和金奖。这种惠明茶是畲家女雷成女炒制的。对于一些无法运用文字传承的茶文化遗产，劳动人民就采取口头的方式流传和继承。最普遍的是民间流传的茶故事、茶山歌、茶农谚和茶谜语等。在金华西南山区箬阳、塔石、沙畈等乡，至今都流传着自正月到十二月的《采茶歌》。对于茶农谚，如茶的管理“若要春好茶，春山开得早”，采茶“前三日早，正三日宝，后三日草”“立夏茶，夜夜老，小满过后茶变草”等，茶农就是通过这些农谚提醒人们适时管理和采茶，做到抓紧季节，不误农时。还有民间流传的茶谜语、茶俗语等，都是茶农从事茶事生产活动的智慧结晶，是茶文化不间断传承的重要象征。广大茶农和劳动人民是茶文化的直接参与者和实践者，是茶文化历史的创造者。

民间宗谱里的茶文化

宗谱是中华民族历史文化的积淀，是记载姓氏家族世系人物事迹的历史文籍，是中华民族悠久历史文化的重要组成部分。金华素称文化之邦，八婺民间自古以来就有编修宗谱的传统习惯。金华又是浙中主要茶区，产茶历史悠久，茶文化源远流长，民间历来有饮茶品茗和客来敬茶的风俗习惯。因此，宗谱里蕴藏沉淀着丰富的茶文化资源，特别是熠熠生辉的咏茶诗篇。宗谱咏茶诗篇的鲜明特征是作者一般为本村本姓的族人村民，有文人士大夫，也有平民布衣。诗篇内容主要描述本村周围的茶园景观，种茶、采茶、制茶、煎茶、品茶以及茶市等实践感受，语言浅显，贴近生活，含蕴丰富，情意绵长，刻画着无穷的“乡愁”记忆。

金东区文联的黄晓刚同志，历时 10 年，收录以八婺各地宗谱为主的古十景诗 3 132 首，编著成《金华古十景诗选》一书，其中有宗谱咏茶诗 30 多首，今录 14 首如下。

《茶坞一庵》：

盈盈绿壤名茶坞，若个营成一道家。半岭烟岚迷鹿径，

满篱萝薜映岩花。樵声去后闻啼鸟，牧子归时带晚霞。

最是庵中无别事，闲将石髓煮新茶。

注：作者余佳瑞，诗录《金华北山口余氏宗谱》。

《黄峰耸翠》：

峰高留雾露，茶经品最嘉。焉得玉乳泉，来烹雀舌茶。

注：作者卢衍仁，生平不详，诗录东阳南马镇《官桥陈氏宗谱》。

《后峰夜月》：

卜筑高园分八景，湛湖源远派流长。后峰毓秀人文起，

碧水钟灵祖德昌。柳岸张淤双港澈，藕塘沐藻满池芳。

前山花屿书声振，橘井西泉煮茗香。

注：作者功文焕，邑庠生，作于清嘉庆壬申年（1812）。本诗系《清河张氏八景》之二。诗录汤溪《清河张氏宗谱》。

《野泉涌碧》：

寒泉甘冽碧盈眸，冷沁诗脾野色幽。

客到竹炉烹蟹眼，旗枪香展一瓯瓯。

注：作者吴启范，作于清嘉庆甲子年（1804）。本诗系《莲台十咏》之二。诗录义乌《前洪吴氏宗谱》。

《茶场喧市》：

望东东望见人烟，风景嚣嚣辄自然。茅店密关斜照后，

酒旗摇曳午风前。交通商贾谈无已，论旧渔樵话更便。

喜有相知来过访，抱琴沽酒夕阳天。

注：作者雪庵道人，生平不详。东阳巍山镇附近今有茶场村，因过去兴过茶市而得名。茶场是巍山一处景观。诗录东阳巍山镇《茶场金氏宗谱》。

《茶场春树》：

落落茶星骨已仙，茶场绿树景依然。蛰虫才动云林地，

雀舌新烹石鼎泉。味道山中忘岁暮，怀入谓北共春天。

故交谏议如相忆，定有斜封寄锦笺。

注：作者王稌。本诗系《巍山八咏》之五。诗录东阳巍山镇《巍山赵氏宗谱》。

《长亭留憩》：

为恤游人道路长，几楹亭子落康庄。身劳马倦曾留驾，

口渴茶香且润肠。莫问营名夸细利，知谁赋雪咏垂杨。

当因同类胥同体，不便穷途叹夕阳。

注：作者吴寅，本诗系《游长林里至圳干偶咏（八景）》之三。诗录

东阳歌山镇《刘金氏宗谱》。

《泉池》：

有洌寒泉一鉴开，茔波潴作碧云堆。云云静向源头发，

虢虢深穿石髓来。地脉渠成堪把注，天光照辙任徘徊。

玉川烹得茶初熟，敲句临池酌勿杯。

注：作者金鼎，生平不详。诗录今婺城区琅琊镇金村《绵塘金氏宗谱》。

《莲花仙井》：

村南仙井号莲花，汲饮吾乡数百家。万斛奔腾深有本，

一泓清流净无瑕。源分廉让堪炊稻，味蕴甘芳可煮茶。

滴滴生香皆玉液，不妨菡萏比精华。

注：作者徐鼎彝，生平不详。诗录兰溪《中东山海徐氏宗谱》。

《瑞云护岭》：

山隈岭坳一僧家，隔断红尘守寂涯。时有客来烹雀舌，

闲无人到灌昙花。更初竹院涛声响，漏尽禅房月影斜。

日上瘦梅云拥护，散开前路是河沙。

注：作者方锡旗，生平不详。诗录永康《柱国方氏宗谱》。

《曲涧银流》：

清虚几曲绕村流，闪烁银光屋外浮。

读罢夜香时引汲，捞将月魄入茶瓯。

注：作者蔡式金。诗录《东阳虎峰蔡氏宗谱》，亦录今《蔡宅村志》。

《桑园》：（调寄园林好）

缅海国，物虽多有。购中土，丝茶价厚。务蚕桑，

民财自阜。广栽植，利权收。广栽植，利权收。

注：作者马成展，生平不详。诗（词）录东阳南马镇《太阳陈氏宗谱》。

《菊径烹茶》：

月上松萝夜色深，满阶竹影间花阴。

残枝自检烹流水，独得卢仝千载心。

注：作者诸葛佐明。本诗系《高隆环绿园书轩八咏》之三，高隆即今诸葛村，《高隆诸葛氏宗谱》记载高隆景观的诗词颇多。诗录《光绪兰溪县志·卷八·古迹》。

《平桥松韵》：

携朋信步到桥边，仿佛茶铛沸石泉。

侧耳多时浑不解，几株松树浪风前。

注：作者张以本。诗录浦江黄宅镇《浦阳合溪黄氏宗谱》。

八婺七位布衣诗人的咏茶诗

《馈友人茶》：

山深深复深，四节殊寒燠；气不产英贤，亶精唯草木。

秋桂花丛丛，春茗芽簇簇；有美婉清扬，提筐入幽谷。

云鬟插横荆，罗裙挂钭幅；柔荑何纤纤，采采盈一掬。

君知化理精，恻想彼人淑；芳草岂望遗，赏心贵幽独。

注：作者周璠（1734—1808），字鲁屿，浦江北乡周家人。

《茶比佳人》：

平生不识酪奴味，笑煞东坡睡足时。石鼎偶然生蟹眼，

仙山恍似遇娥眉。琢余红玉麻姑爪，浮出冰瓷玉女肌。

自是烟霞清可啜，柳腰桃脸枉娇痴。

注：作者张可宇， 清代浦江诗人，余不详。诗见《琴轩鼠璞》。

《啜茗》：

闲来常早起，自爇竹炉烹。……

纤纤林月落，习习座风生。……

注：作者清代浦江诗人，余不详。诗见《雪樵诗草》。

《茶山》：

天空落日悬，地驳阴云解。歊蒸风已秋，卓午露犹西。

临径怵虚无，俯视飒惶骇。个竹劲援毫，篆藤严勒楷。

我疲风苦颠，铸铁走李拐。着脚峙衡华，吞胸震渤解。

后蔡尔何为，纲荣供未罢。云何不杀麟，孤负触邪荐。

注：作者楼上层，字更一，号平江，清代东阳人，博考经史子集，淡泊科举功名，余不详。

《游茶坞》：

沿流鞚春山，实维茶坞僻。迹坞欲拈茶，流云缭空碧。

光幽水不鸣，翠合衣先湿。何处山东西，险绝来者辙。

其间坠地仙，往往邃田宅。眼澈窥树鸟，喙启坏春蛰。

主人如鹤癯，磊落岩扉辟。雀舌乍凝烟，蝉膏遽含液。

瀹以不腻鼎，筵诸有缘客。悠然仙气清，岂第风生腋。

我将砍一枝，插之小山脊。幽意不人闲，烟林已栖月。

注：作者李有朋，东阳人，余不详。

《偕何音玉游宝泉岩试泉》：

雨歇飏微风，众山净如洗。取道登灵岩，揭衣涉涧水。

路仄神转清，境绝足方起。顿折探幽厓，盘旋领虚美。

腾身五里间，万个碧筠里。忽闻木樨香，便觉通禅旨。

小憩来庵中，幽兴不可已。出门观宝泉，洁白果难比。

解事羡沙弥，挹取补茶史。我才愧东坡，试泉窃其似。

蟹眼与松涛，煎烹有源委。我量非玉川，举瓯聊尔尔。

微汗透肌肤，余甘回颊齿。斯泉信可宝，锡名得毋滓。

请易以沁心，山灵庶唯唯。忆昨游慧山，品评亦同是。

须臾罗山肴，一饮复进此。夕阳漏竹林，余亦下山矣！

缓步踏层云，长怀频顾旨。

注：作者陈松龄，字鹤年，浦江人，生平不详。

《义乌绣湖八景》之二《柳州画舫》：

柳舒春色斗纤腰，画舫临湖酒兴饶。

欲索灶头醒酒客，茶烟已停绿丝摇。

注：作者朱肇，生平不详。诗录康熙二十二年刊本《金华府志》卷三〇。

《古愚庐吟草》手抄本中茶诗多

乡村民间是个博大精深的茶文化宝库，蕴藏着丰富的茶文化资源。通过实地调查访问，打开乡村民间茶文化宝库，将真实地展示茶文化的历史风貌，极大地丰富茶文化的内涵，增添茶文化的新意。

《古愚庐吟草》，既是一本古诗集，又是茶文化诗篇的最新发现。

郭宝琮（1867—1945），字地卿，婺城区竹马乡郭店村人，清光绪丙午年（1906）优贡，次年朝考二等，签分福建补用县丞。民国时期，被选为省议会第一届议员。郭宝琮曾游历各地，既是书法家，又是诗人、茶人，他的《古愚庐吟草》包括古诗 131 首，今抄录部分咏茶诗如下。

《清明节两绝》，诗前小序：清明佳节学堂例得休息，浦阳黄炎卿先生邀予出游，归以两绝见示，爰缀俚词藉酬雅咏。

今是清明息假天，与君散步去参禅。僧家款客无他物，

活火茶烹谷雨前。评茶事了且评花，邀赏山茶又一家。

除却数枝留本色，阶前绚烂尽红霞。

《家居》：

薇岩山麓是吾家，乔荫葱茏宅畔遮。怀古遗风书几架，

引人入胜路三叉。米舂云碓尝新粒，茶过溪桥采嫩芽。

还有数弓门外地，半栽蔬果半桑麻。

《过大江郎山》：

小江郎过大江郎，三石摩霄迥异常。

说道山中茶味好，武夷未到此先尝。

《闽中杂咏之九·武夷茶》：

九曲溪流卅六峰，采茶深处白云封。

清凉尝惯他山味，评到温和气特钟。

《竹窗》：

此窗修笔对千条，留月评茶不速邀。

龙井武夷都饮过，家居近采北山苗。

《书辽河对影》，戊申冬日，辽河对影缩成。同寅马衡堂中坐，同乡

卢霞轩处右，予在左列，偶赋一律藉志鸿雪因缘。

同是南来客，辽天话壮游。评茶邀夜月，赏雪对寒流。

官辙榕城合，乡谈婺水侔。河干留小影，预作别时谋。

《再成一绝书以代柬》：

长斋话别已经年，婺港辽河路几千。

安得慈航来渡我，喫茶饮酒复谈天。

清金华北麓诗课及其咏茶诗篇

清乾隆五十三年（1788）至嘉庆十八年（1813）间，金华民间诗人辈出，诗坛盛兴，有多个诗社并存。除著名的“八咏诗社”外，还有孝顺的“竹堂诗社”、赤松的“我楼诗社”和曹宅的“北麓诗社”。后“我楼诗社”和“北麓诗社”合二为一，称为“北麓诗社”。参加的诗人有张作楠、张作楫、曹开泰、曹位、方应麟、方国泰、陈仁言、金萼梅、方元鹍、邵声芳、方应凤、张允提、冯慎中等，后因成员“年来，或老，或病，或死，或宦游四方，风流云散”，结束诗坛活动。

《北麓诗课》由曹宅镇龙山村人张作楠编辑。张系嘉庆三年（1798）举人，嘉庆十三年（1808）进士，钦授处州府学教授，道光元年（1821）擢太仓州知州，道光五年（1825）擢徐州知府，道光七年（1827）乞养归乡。全书四卷，共诗991首，其中咏茶题材虽不多，但风貌独特，个性鲜明，描写田园生活，反映民间疾苦，尤为采茶女不幸而呼吁。今抄录五首如下。

方国泰之《金华竹枝词六首》之四：

节过清明雨似麻，山村儿女各当家，

马兰初肥苦菜秀，青粳饭罢采新茶。

曹开泰之《八音诗四首》之三《田家》：

金穴铜陵也易倾，石田茅舍足春耕。丝竿把钓鱼鳞上，

竹院煎茶蟹眼鸣。匏苦瓠甘三径晚，土浮水活一犁轻。

革除麈虑知多少，木盎筠篮酒满罂。

注：八音诗是杂体诗名，从第一句起，冠以金、石、丝、竹、匏、土、革、木八字。

张作楠之《金华新乐府三十二首》之三十一《采茶妇》：

谷雨谷雨日日雨，新茶坼芽细如黍。山南地暖茶味甘，

山北地寒茶味苦。侬家茶圃在山南，采得新茶绿满篮。

将茶买盐更籴米，回视篮中却见底。茶芽日长价且低，

茶多米少掩面啼。劝汝且勿啼，汝不见东邻白发老寡妻，

代人采茶暂救饥。

方应麟之《采茶娘》：

采茶娘，提筠筐，年年为人采茶忙。山前山后茶正长，

谷雨不采立夏黄。得钱籴米劳莫偿，归然冷灶扬清汤。

上奉舅姑下儿郎，夫婿远贩不我顾，晓出晚归畏多露。

曹开泰之《六言杂咏四首》之一：

拾翠匆匆上巳，禁烟匆匆清明。

又报茶芽初长，一春几得新晴。

东阳滕元发与苏东坡茗茶尺牍往来

苏东坡是众人皆知的北宋文学家、书画家、诗人、豪放派词的开拓者和代表。他广交朋友，其中交往最深者为滕元发。

滕元发（1020—1090），浙江东阳人，举进士，廷试第三，因声韵不合规范，未被录取。皇佑五年（1053）重上考场，再获第三。中国科举时代连考两次均获探花者，仅滕元发一人。

滕元发比苏东坡年长 17 岁，但两个人学历相等，学养相近，性格相似，心灵相通，在长期的仕途生涯中成了忘年交，既是知心朋友，又是君子之交。

苏东坡与滕元发真挚交往的尺牍（书信）涉及政治、经济、生活各个方面。至今保存的《苏东坡尺牍》中，共刊载书信 125 封，写给滕元发的就有 68 封，占总数的 54.4%，其中也有有关茗茶的内容。

苏东坡在黄州的艰难岁月里，腾元发不时给他寄上一瓶老酒或一包茶叶，聊慰其寂寞之心。苏东坡在接到佳酿香茗时如见其人，喜不可言。在一次回信中道："某近张实处，蒙寄贶回壶，今又拜赐，虽知不违条，然屡为烦费，已不惶矣。酒叶极佳，此间不可仿佛也。"在另一次回信中道："某启，前蒙惠建茗甚荷。醉中裁谢不及，愧悚之极……"

另外，滕元发于元丰七年（1084）五月，贬筠州改知湖州，时时牵挂远在黄州的苏东坡，去信示慰，苏觉官场险恶，想提早跳出官场旋涡，打算安居常州，请元发帮忙在江苏宜兴一带购田置房，元发逐一帮忙落实。

滕元发于元祐五年（1090）十月二十四日谢世，苏东坡得知后悲不自胜，亲为滕元发写了 3 800 字的墓志铭。

民间流传古来茶人寿星多

我国是茶的原产地，也是最早利用茶的国家。由于茶中含有丰富的维生素、咖啡碱和茶多酚、氨基酸等有效成分，有利于人的健康长寿，于是古来就有茶人多寿星的传说。

据《旧唐书·宣宗本纪》和宋钱易的《南部新书》记载，唐宣宗年间（847—860），洛阳有一和尚活到 130 岁（一说 120 岁），平时特别爱饮茶。宣宗问何药能如此长寿，和尚答曰："臣少也贱，素不知药，惟嗜茶，凡履处，惟茶是求，如常日亦不下四五十碗，或出亦日遇百碗不收为厌。"宣宗将他留下，赐茶 50 斤，令住京城保寿寺。

盛唐时期，著名道士叶法善，隋大业十二年（616）生于卯山，12 岁迁居白马山（今金华市武义县柳城镇）。叶法善一生嗜茶，采茶制茶饮茶，百岁高龄时仍在牛头山采茶制茶，募建冲真观，为百姓行医治病，推崇以茶养生，传授茶道。他卒于唐开元八年（720），享年 105 岁，无疾而终。

时至今日，茶人仍多寿星。茶字由"廾"和"八十八"组成，因而人们把 108 岁称为茶寿。我国著名茶叶专家，福建省农业厅原经作处副处长张天福，为教授级高级农艺师，享受国务院特殊津贴。他于 1910 年出生，2017 年 6 月 4 日在福州辞世，享年 108 岁，称得上是茶寿的实践者。张天福于 1932 年毕业于南京金陵大学农学院，一生为研制福建乌龙茶做出杰出贡献。他饮茶不以饮名茶自居，认为饮平常茶有利于人们的节俭，符合饮茶“俭、清、和、静”的要求。

湖南株洲市甘德珍老太太，103岁高龄，满头白发，面色红润，皱纹不多，看上去只80来岁，她每天早晨起床第一件事，就是泡饮一杯茶叶和生姜混合的茶，暖身防病。

民间传说茶叶蛋起源于金华

传说在很久以前，金华人就用举岩茶煮制茶叶蛋了。话说金华北山鹿田村，开设着一个鹿田书院，村里住着一户耕读人家，耕种祖田十多亩，又在书院读书。这户人家主人名叫张清茗，字香斋。他不嗜酒，不嗜烟，就是喜欢饮茶，而且只喝自己村庄周围很早就有的举岩茶，这是明太祖朱元璋钦定的贡茶。

有一年，张清茗参加金华府乡试。在科举时代，秀才（生员）才可进府县学宫读书，所以考取秀才叫“进学”，也叫进秀才。当时府里乡试的命题主要取材于“四书”，即《大学》《中庸》《论语》《孟子》。考场为给举子解渴并取吉利意，供应被称为“麒麟草”的茶水，但不是举岩茶冲泡的。张清茗在家饮用举岩茶惯了，饮用“麒麟草”的茶水后肚子不舒服，头昏脑涨，于是文章思路涸竭，连“有朋自远方来”也写成了“有朋自近方来”，结果名落孙山，进不了学宫成不了秀才。

张清茗有个贤惠的妻子，名叫王香茶。她苦思冥想，要使丈夫在考场能饮用举岩茶，最后想出了一个办法，就是把鸡蛋放进有举岩茶的锅里煮熟，使煮熟的鸡蛋充分吸收举岩茶的滋汁，为使茶叶蛋香喷可口，她又在茶汤中加上了食盐和茴香、桂皮。这样，吃了茶叶蛋既可使茶汁沁入心肺，又能解渴充饥饱腹。

过三年又到了金华府乡试之日，王香茶让丈夫带煮好的茶叶蛋去考场。考试时，张清茗一边细细地咬文嚼字写八股文，一边慢慢地啃着茶叶蛋，体味举岩茶的茶香，果然“下笔如有神，文思似泉涌”，八股排偶妥当，结果进了秀才。

张清茗进了秀才以后，离开了金华北山鹿田，到府城开设了一家茶叶铺，专售婺州举岩茶。店铺前挂着一副对联：“一天三杯举岩茶，终生不用找医家。”每年新茶上市的季节，生意就特别兴隆。平时有空他就给人代写书信请柬，春节时代写春联，于是店铺门口人来人往。他的妻子王香茶见此，就在店铺门前摆设了一个摊头，在一只锅里专煮茶叶蛋出售，二文钱一个，三文钱两个。购买者都啧啧称赞她的茶叶蛋香气扑鼻，好吃极了，因此回头客越来越多，她的茶叶蛋在金华八婺各地也出了名。

时至今日，茶叶蛋仍然是主要的茶类食品。然而吃茶叶蛋的许多人士指出，煮茶叶蛋不宜用新鲜的举岩茶，鲜茶叶清香，但欠浓，煮茶叶蛋还是用夏秋茶或者隔年陈茶，香味才会更浓郁。

金华南山贞姑采茶成仙的故事

金华民间传说与北山对峙的南山，在汤溪九峰山东南厚大溪边，有个小村叫贞姑山，住着四五十户人家，这里很早就以产茶为生，有茶园上千亩。这个村里的茶农们，对中国禅宗初祖达摩在九峰山龙岩寺禅茶静坐 49 天圆寂的故事，印象深刻，所以家家户户重视种茶、采茶、制茶。

这个村里有位叫贞姑的姑娘，天生丽质，姿容秀美，每到产茶季节，吃了早饭就上山采茶，她采制的茶叶都是一芽一叶初展，香气清雅，滋味甘醇，是上等茶，而且数量比别人多，质量比别人好。后来她的父亲发现贞姑采回来的茶叶越来越少，回家时间也越来越晚，于是特地上山探个究竟，查个明白。到了采茶山上，却发现女儿正与一位白衣秀士在茶树丛里对弈。这位父亲见后勃然大怒，抡起锄头就猛砸过去。这时，白衣秀士挽着贞姑化作一片白云飞天而去。原来白衣秀士是位神仙，贞姑飞天去后也成了神仙。从此这个村的茶叶年年增产，都是优质茶，闻名遐迩。于是村民们就称这座山为贞姑山，尊称贞姑为贞姑娘娘，建庙奉祀。贞姑庙至今犹存，香火连年不绝。

民间古来的茶叶市场

旧时八婺除磐安玉山古茶场以外，自唐代开始就有集生产贸易于一体的茶叶市场。在各县的产茶区，还有不同规模、不同形式的茶叶市场，这里仅述武义县的水阁茶叶市场和乌门茶叶市场。

水阁村村西有座大茶山，主峰八县尖海拔 964 米，绵亘十余里，是武义县与原金华县的界山，产茶历史悠久。八县尖下有座小山叫小和尚山，传说山上有株神茶，头天采完次日又长嫩芽，一直采不完。小和尚山所产茶叶品质好，传说山上还有一个叫真古炉的地方产出的茶叶品质尤其好，茶汤带有甜味。茶农采茶用“留顶养标”法，即不采顶芽，只采侧芽，只采春芽，不采夏秋茶。水阁村家家户户都种茶制茶，形成了一定规模的制茶业，所产之茶被称为“后树云雾茶”，特点是芽壮叶肥，白毫显露，色泽翠绿，幽香如兰，滋味醇厚，鲜爽甘醇，汤色明亮，耐冲泡，回味香绵，因品质特佳，深受市场青睐。于是村里就出现了一批坐地行商。周围茶农都把制好的烘青茶运到水阁出售，有的将鲜叶运到水阁加工制作，因此村里出现了收购转卖茶叶的商户，他们把武义、宣平、松阳、遂昌等地茶叶也贩运到水阁村，这样水阁村就形成了一个茶叶市场。金华、杭州、上海等地客商“携资至者，络绎不绝”。水阁村茶叶市场从清明开始收购，一直到八月底才结束。茶叶通过肩挑杠抬与船筏经履坦叶长埠渡头，运到金华、兰溪，然后转运至全国各地，一般要到当年农历十一月末到十二月初才能运完。水阁大的茶行楼上住人，楼下作为茶叶仓库，至今还遗存着上新屋、下新屋茶行的建筑遗址。

乌门茶叶市场位于武义新宅镇，是大方、张店、沿溪口三个村茶叶市场的统称。乌门是武义著名的茶乡，产制茶叶历史悠久。当地流传着“有女莫嫁乌门郎，三月四月烘茶干，一烘烘到鸡啼更”的民谣，说明采制茶叶的辛苦。清光绪年间（1875—1908），这里已形成茶叶交易市场。乌门是丽水经武义到金华的必经之地，与丽水只隔一个乌门岭，因此丽水茶叶远销杭州、上海，最便捷的路线就是翻越乌门岭从武义江到金华、兰溪，再入钱塘江运往各地。乌门茶叶市场就这样形成了。

对于茶叶在收购贩运过程中的包装，长途运输用的是竹编内衬箬叶的茶叶篓，短途运输特别是进山收购用的是茶叶布袋。

茶庄销售茶叶一般是用纸包装，到民国时期，大城市个别茶庄用铁罐或纸盒。一般茶庄的包装用纸是草纸，个别有名气的茶庄用的是油光纸或牛皮纸。他们还在包装纸上印着宣传资料。如民国初期杭州的方福泰茶庄，包装纸主要用来包龙井茶，上印美女采茶图，上书“方福泰茶庄”以及电报挂号，要求顾客认准门店购买。

古今八婺茶情香赛桂芳

金华浙中茶区的历史名茶和地方名茶

金华地处金衢盆地东侧，黄土丘陵连绵起伏，土壤、气温、水分、环境，都适宜茶树栽培生长，因此茶业发展历史悠久，系浙中主要茶区。到2018年，全市茶园面积已由1949年的3.18万亩，发展到35.9万亩，总产2.9万吨，总产值17.3亿元。自2000年起，部分乡镇已被列入龙井茶越州产区。磐安被授予“中国生态龙井茶之乡”称号。至今，金华茶业已经成为农业的主导产业之一，金华成为浙中主要茶区和产茶大市，茶叶成为农产品出口的重要物资，出口量增加。

金华茶业发展的一个鲜明特征就是既有东白、举岩等历史名茶，各县市又有自己的地方名茶。

东白春芽产于东阳市，始于三国，为唐代贡茶。陆羽的《茶经》对“婺州东白茶”有记述。李肇《国史补》把婺州东白茶与剑南蒙顶石花、湖州顾渚紫笋等18品目列为茶之名品。1979年，恢复历史名茶东白春芽的生产，1991年东百春芽获“浙江省名茶”称号，2008年获第四届中国（宁波）国际茶文化金奖。

婺州举岩产于金华。五代十国毛文锡的《茶谱》有“婺之举岩，片片方细，所生虽小，味极甘芳，煎如碧乳”的记载。婺州举岩在宋代已被列为全国茶苑一枝名秀，明代朱元璋将其御定为贡茶，清末湮没人间。20世纪 70 年代，人们对婺州举岩的制作工艺进行挖掘，精心培植，婺州举岩得到重生。1984 年，婺州举岩获“浙江省名茶”称号，2007 年在奥运圣火采集之际，被奥林匹亚博物馆永久珍藏。2008 年，金华采云间公司将婺州举岩茶传统制作技艺列入国家级非物质文化遗产名录。

武阳春雨产于武义县，1986 年，以其卓尔不群的品质享誉茶界，1999 年获“浙江省名茶”称号，2008 年获第四届中国（宁波）国际茶文化节金奖。

磐安云峰产于磐安县。其特点是“三绿一香”，1986 年获“浙江省名茶”称号，1986 年被商务部评为全国名茶，2008 年获“中绿杯”名优绿茶评比金奖。

浦江春毫产于浦江县。得天独厚的自然地理环境孕育了浦江春毫，1989 年，浦江春毫被农业部评为国家级名茶，2001 年，在中国国际茶文化节展览会被评为无公害名优茶特别推荐产品，同年被中国茶叶博物馆收藏。

道人峰茶产于义乌市，曾获日本、韩国名茶金奖，并获日本 IAS 有机茶颁证和瑞士 IMO 有机茶颁证。

兰溪毛峰产于兰溪市，20 世纪 70 年代初，被周恩来总理选定为礼品茶，送给来华访问的美国总统尼克松，一代茶叶宗师庄晚芳在《香港经济导报》撰文予以介绍，1990 年获“浙江省名茶”称号。

方岩绿毫产于永康市，2003 年获“浙江省名茶”称号，2002—2005 年连获“中国精品名茶”称号。

宋代金华书院的茶文化影响深远

书院是古代私人或官府所立讲学肄业之所。书院一般选择山林名胜之地为院址，由著名学者讲学其间。宋代，由于宋太祖赵匡胤是嗜茶之士，宋徽宗赵佶亲撰《大观茶论》，茶艺成为宫廷礼制，于是茶文化渗透到文人士大夫的日常生活中，也渗透到书院之中。

宋代是金华地区经济、文化大发展的时期，也是书院发展的鼎盛时期，南宋八婺各地有记载的书院有40多所。最著名的是金华丽泽书院，还有永康龙川书院、五峰书院、东阳石洞书院、浦江月泉书院等。

丽泽书院是南宋著名思想家、史学家、文学家、教育家吕祖谦（1137—1181）讲学之所，当时的地址在金华城内光孝观侧（今一览亭东北），四方学者皆肄业于此。丽泽书院教学活动以“孝悌、忠信、明理、躬行”为基本准则。教学内容以儒家经典四书、五经为主，兼及《史记》等。学风是自由讲学、授学，兼容并包，不立崖异，以史谈经，学以致用。金华人吕祖谦是婺学创始人，与当时的著名理学家朱熹以及张拭齐名，时称“东南三贤”。吕祖谦生长在浙中茶区，爱喝茶。他在我国哲学和教育史上首创学术平等争辩的“鹅湖会”中，以婺州举岩茶缓解争辩气氛。他除了在金华丽泽书院讲学以外，在他父母先后亡故，两次丁忧在家族坟山武义明招山结庐守墓期间，也在明招寺讲学。他虽然离职守孝，但四方青年学子纷纷前来求学请教，人数达三百之多。他在丁忧守孝时曾写《明招山居杂诗四首》。从其中第四首的诗意可以看出，他在父母坟前放煮一壶茶，以茶祭父母亲。诗曰："风檐袅茶烟，铜瓶语相泣。清阴一疏箔，不碍飞花入。"诗意表明暮春时节，落英缤纷，看着茶烟飘过而寄托哀思之情。他和朱熹一样，曾在福建武夷山游学品茗，写有"不寐连霄岂饮茶，浑忘逆旅即浮槎"的诗句。武义县在明招文化的影响下，明代有进士 6 人、举人 22 人，其中明初洪武、永乐年间共 11 人。

五峰书院，位于永康方岩寿山石洞，因寿山之固厚、瀑布、桃花、覆釜、鸡鸣五个山峰而得名。宋淳熙元年至八年（1174—1181）间，朱熹、陈亮、吕祖谦、吕皓等，在固厚峰下的石洞中读书讲学，洞中筑有讲台。婺源人朱熹（1130—1200）嗜茶，自号茶仙，诗文中及茶者多，终生信奉"茶取养生"之铭言。从他在武夷山作的《香茶供养黄檗长老悟公故人之塔》中可以得知，他曾亲背竹笼去岭西茶园采茶茗饮，引为乐事，他也在此完成了《大学章句集注》。南宋状元陈亮（1143—1194）也在这里读书讲学。陈亮曾向当时孝宗皇帝上《中兴五论》，表达抗金主张。他的茶事著作不多，但他撰写的《永康县地景赋》中曾提到"紫烧罐收贮东陈茶，香能扑鼻……茶园前，上通九里口……"等茶事。五峰书院此后很长一段时间，四方学子会集读书讲学，常达数百人，明正德年间（1506—1521），郡守额书"五峰书院"。

石洞书院，位于东阳城东南 50 里之郭宅石洞，约建于南宋绍兴十八年（1148），由叶适曾主师席，朱熹、吕祖谦、魏了翁等曾先后讲学，特别是朱熹先后四次到石洞书院，在这里品东白茶，改定《大学章句集注》，对《大学诚意章》的注也有删正。不仅朱熹是茶人，魏了翁（1178—

1237）也嗜茶，非常留意茶事，撰有《邛州先茶记》。这本书先考茶之历史，后记税茶之利，分述唐、宋税茶制度的沿革历史，对今天研究茶文化和茶税制度有参考价值。

月泉吟社，又名月泉书院，因随月盈亏而涨消的月泉而得名，位于浦江县西北郊。发起人是宋末德佑元年（1275）至景炎元年（1276）任义乌知县的吴渭，浦江前吴人。代表人物有方凤（1241—1322）、吴思齐、谢翱（1249—1295）、吴谦等，由宋末遗民入元不仕者组成。他们既是诗人，也是茶人，如方凤有《仙华山采茶诗》，谢翱有《雪水》茶诗。元至元二十三年（1286）月泉吟社曾以“春日田园杂兴”为题，向八婺及杭州、福建、江苏等诗人征诗进行诗赛，当时共收征诗 2 735 卷，从中选出优胜者 280 名，将前 60 名之诗结集刊印《月泉吟社诗》，其中也有田园与杂兴意境的茶诗。如以“仙村人”署名的诗曰：“芳草东郊外，疏篱野老家。平畴一尺水，小圃百般花。青箬闲耕雨，红裙半采茶。村村寒食近，插柳遍檐牙。”作者仙村人生平不详，只知是月泉吟社的重要成员。又有浦江当地诗人戴东老，诗曰：“昨夜西郊雷隐鸣，金镶检历兆秋居。枪旗味向茶畦畜，饼饵香从麦陇生。拂去尘会招燕乳，拨开檐网看蜂营。谁家子女群喧笑，竞学卖花吟叫声。”还有一首未署名作者，诗的最后两句是“前村犬吠无他事，不是搜盐定榷茶”。这两句画龙点睛地说听到村庄的犬吠声，就知道统治者不是搜查私盐就是催榷茶任务。

月泉吟社（月泉书院）的征诗大赛活动，是宋代遗民对故国深厚情怀的展示，其实是一次以文化形式抗元的活动。

这次诗赛对后世产生了深远影响，元朝的醉朝歌诗赛、明朝的黄牡丹诗赛、清朝的题红梅驿探梅诗赛，以及水仙花诗赛，羊城灯市和玉山楼春望等全国性诗赛，从发题、收卷、校评、发奖到刻集，都仿照月泉吟社的办法。

今天，月泉书院经过开发重建，现以全新的面貌展现在世人面前。

元义乌籍金涓咏茶诗五首

《和杨仲齐韵》其三:

渴饮空中露，饥餐石上霞。夜茶烹玉液，春酒酿松花。

自谓得仙术，不知老岁华。请看梳栉处，斑白照窗纱。

《乱中自述》其一:

汩汩兵犹竞，凄凄兴莫赊。娇儿将学语，稚子惯烹茶。

乱后添新鬼，春归发旧花。十年湖海志，羁思满天涯。

《山庄值岁暮》:

坐久那能笑口开，篆烟烧尽石炉灰。山厨度腊贫无肉，

茅屋逢春富有梅。冻鸟缩身依雪立，饥驴直耳望人来。

窗前更展离骚读，消得茶瓯当酒杯。

《秋夜》：

独自归来秋夜静，雨湿寒云小窗暝。

竹炉无火渴思茶，隔树人家有灯影。

《寄王可宗》：

石鼎烹茶风绕林，小亭面水足清吟。

只今酒禁严如许，谁信香醪更可斟。

注：作者金涓（1306—1382），字德原，号青村，义乌人，元末明初知名学者和诗人。

明八婺九位诗人九首茶诗

《游善法堂》：

我爱城南隐者家，一泓流水碧桃花。屋头岩溜飞寒瀑，

门外晴岚接晚霞。地僻四时无过客，山暄二月摘新茶。

嗟予扰扰劳行役，直欲相从度岁华。

注：作者王绅，字仲缙，号继志斋，义乌人，官国子博士，宋濂弟子。

《龙湫和韵》：

竹外烟浮僧煮茶，草边风暖鹿鸣沙。

青溪何处看山客，瀑布岩前数落花。

注：作者朱廉，字伯清，义乌人，学于黄溍，以文章知名，洪武三年（1370）为国史编修官，参与修《元史》。

《次韵题元常观壁》：

烧烛焚香清景别，斗茶聊句好怀开。

道人爱客能如此，他日邀朋约再来。

注：作者吴沉，兰溪人，吴师道之子，官至东阁大学士。

《咏茶》：

佳品龙门产，先春长碧芽。瀹泉分玉乳，烙火试云花。

沁入诗脾瘦，香清梦境赊。相如故病渴，饮啜转风华。

注：作者张孟兼，名丁，以字行，浦江人，富有才俊，太祖下诏征贤能之士，擢国子监学录，参与修《元史》。史成，迁太常丞，出为山西按察司佥事，迁山东按察司副使，后为吴印所讦而被害。刘基曾谓："时天下文人，宋濂第一，而己居其次，再次之则孟兼也。"

《巍山八咏》之五《茶场春树》：

落落茶星骨已仙，茶场绿树景依然。蛰虫才动云林地，

雀舌新烹石鼎泉。味道山中忘岁暮，怀入谓北其春天。

故交谏议如相忆，定有斜封寄锦笺。

注：作者王稌（1383—1441），字叔丰，义乌人，永乐年间以儒士举。其师方孝孺遇难，收其遗骸，并收其遗文辑《侯城集》。

《夜宿金华洞口村舍》：

螟色催人路转迷，一枝聊共野人栖。香烧落叶烹山茗，

偏送飞湍似鼓鼙。芳草已将幽径补，湿云还抱小楼低。

休言积雨妨游兴，明日登临有杖藜。

注：作者卢洪秋，字思义，东阳人，明隆庆二年（1568）进士，从戚继光守蓟，神枢营参将，诗见《解甲集》。

《雪中汲泉煮茗》：

一鉴冷然逼太清，天寒潦尽倒空明。璇花散入昼无影，

细草添波夜有声。绿乳光浮银粟起，碧芽香沸素涛生。

风流自许能烹雪，却羡炮羔渴饮情。

注：作者赵志皋，字汝迈，兰溪人，明隆庆二年（1568）进士，官至礼部尚书兼东阁大学士，诗见《灵洞山房集》。

《无题》：

山村谷雨新茶社，烟浦兰陵旧酒帘。

注：作者钱孔心，明万历三十五年，以乡举官东阳教谕，诗见《双龙风景名胜区志》。

《西溪闲步》：

雨后趁晴色，笠穿山市来。江归八百里，梦破一声雷。

咒食鸣蛙鼓，茶烹泛月杯。主人多野况，篱畔植新梅。

注：作者千峰，明代僧人，生平不详，该诗作于原宣平县西溪（宣平今属武义），见《西溪闲步》。

历史悠久的赶茶场庙会至今不衰

磐安县玉山古茶场，是唐代东白贡茶的产地。古茶场建于晋代，唐宋就有司常治茶于此，茶场“设官监之，以进御帝”。据传东晋被册封为“神功妙济真君”的道士许逊（239—374），曾帮助玉山茶农研制东白茶，于是被当地茶农奉为“茶神”，称“真君大帝”，建庙奉祀，因而这里历来是融祭祀、生产和交易茶叶于一体的茶场。今天，这是则是全国唯一的茶业古建筑，被誉为中国茶文化的“活化石”。国务院已于2006年5月，公布其为全国重点文物保护单位，为千千万万的茶农所崇拜。这里的赶茶场庙会每年举行两次，每次三天。庙会时间清代以前为春社和秋社，清晚期春社改为正月十四、十五、十六三天，秋社改为十月十四、十五、十六三天。每逢庙会，四面八方的农民都赶到古茶场，商贩也介入贸易，伴以演斗台戏、迎龙灯、迎大凉伞、竖大龙虎旗，规模宏大，热闹非凡。

竖大旗是“赶茶场庙会”的重头戏，时间在十月十六这一天。各村大旗都竖立在庙前田畈中（当时秋收结束田中无作物），大旗主杆上段为大毛竹，下段套的是大杉木。辅助主杆的有撑竿60根、四方拉索8条。旗面制作需用布料长26米，宽22.3米，面积为579.8平方米，还用红、黄、绿绸作边，旗面绘有龙、虎、狮、豹或八仙过海等图案。竖大旗也叫迎大旗，参加迎竖者称“旗脚”，每面需120个壮汉。竖大旗时众人抬旗布，背长旗杆，打呼哨统一行动，拥至预定地址，在紧锣密鼓声中飞速竖起大旗。此时观众蜂拥而至，喝彩欢呼。大旗竖起后由众人扛抬绕场一周后固定于场上。每次玉山茶场庙会，这样的大旗有几十面，迎风招展，场面极为壮观。

迎大凉伞也是玉山茶场的一项文化活动，起于清乾隆十五年（1750）。当年九和乡正值干旱，玉山塘小缺水干旱，影响粮、茶丰收。有人到茶场庙真君大帝前许愿，如雨水落通，要制几把大凉伞报谢。那年如愿以偿，降雨后旱情解除。于是村人模仿帝王出巡时的“黄凉伞”仿制“大凉伞”，高举于神位之项，给大帝遮阳、挡风、避雨。自此以后，迎大凉伞成为庙会的庆贺活动，多时有 80 多把。据说九和乡上俞村有一年有 100 多把大凉伞，300 多人参加迎送活动。

磐安玉山古茶场庙会的雄伟壮观，清代当地诗人周显岱的《竹枝词》可作见证。诗曰：“十月中旬报赛忙，茶场人得看场旺。裁罗百幅为旗帜，高揭旗竿十丈强。”

磐安玉山古茶场庙会文化，至今长盛不衰。2015 年，这里举办了第 22 届上海国际茶文化旅游节暨第三届磐安云峰茶文化节，来自上海、山东及浙江省内各地的专家学者、茶商及茶农代表与会。磐安县已被有关部门授予“茶文化旅游示范县”称号，磐安赶茶场已上榜“中国农民丰收节”。

2006 年 6 月 13 日，时任浙江省委书记的习近平曾到玉山古茶场视察，之后他由省财政拨专项资金 500 万元，专门修缮玉山古茶场。于是，迎来了玉山古茶场焕然一新的今天。

四通八达的八婺古道茶亭施茶

李白《忆秦娥》词有“咸阳古道音尘绝”之句。古道是古老的道路，行人必经之路。八婺最知名的古道：有浦江太阳岭古道，马岭古道，兰溪兰婺古道，义乌金杭古道，磐安通金衢、温台古道，武义安风古道，永康婺台古道以及东阳境内的15条古道。浦江的马岭古道是全国最美的森林古道。由于山区古道崎岖不平，在高陡地段铺设了石板台阶，俗称山岭，行人越过山区古道，体力消耗大，要停脚歇力，特别是挑重担者困难更大，于是旧时八婺各地由慈善机构在古道建立为过路行人解渴、避雨、憩息并供应茶水的茶亭。茶亭施茶是社会公益事业，大体有富户施茶、寺庙施茶、茶会施茶、民间乐助施茶四种形式。这种施茶的凉亭，每县都有上百个，甚至数百个。磐安县尖山镇与天台县交界的梅子岭头，仅十里路曾设茶亭十个。茶亭也是茶文化的载体。明代建县的宣平（今属金华市武义县），邑令雷仁育撰有《三港茶亭》的诗篇“古渡山亭踞要冲，雨余风涌浪沙淘。烟楼煮茗招行客，多少殷勤说祝悰”，充分说明了茶亭的文化内涵，其主要形式有以下五种。

第一种，书写茶亭对联。永康市牛栏岭岗茶亭又名群益亭，由石湖坑、谏庄两个村共建。其亭柱上的对联是：“越牛栏岭，过谏庄游石湖话古道沧桑；步群益亭，看山青望水秀咏两村情长。”东阳麻车埠茶亭的对联是：

“萍水相逢见面如亲朋，停步暂歇入亭似归家。”

第二种，涂写茶谜或顺口溜。永康市牛栏岭岗茶亭内写有一首茶谜诗，请过路人猜。诗曰：“言有青山青又青，两人土上看风景，三人牵牛少只角，草木丛中见一人。”谜底是“请坐，奉茶”。对一些不施茶的凉亭，过路人也会在壁上涂写批评性的顺口溜，如“亭中有人坐，无茶又无火，无火犹则可，无茶实难过”。

第三种，为行人平安祝福。永康市唐先一村村口的茶亭，是专为山里挑柴、背竹人而设置的茶亭。亭内塑有一尊茶亭老爷（陆羽），为过路人祝福一路平安。今金东区含香村的“留憩亭”内，虽然没有菩萨，但青石柱上的对联是：“何必苦求南海佛，此地就是普陀山。”

第四种，为行人解难。有些茶亭梁柱上悬挂着由积德行善者乐助的“全堂塌”草鞋，以解决过路挑担者草鞋破了，不便行路的困难。“全堂塌”草鞋是用草鞋绳都穿连好，拿来即可穿用的一次性草鞋。

第五种，为茶亭立碑留念。碑刻内容为茶亭筹建过程、乐助建亭经费田产或金额姓名。对于一年一度乐供茶水无数的茶亭，对乐助者姓名则用红纸写出名单公布于亭，以资鼓励和谢意，下附浦江桃岭陶然亭茶路会碑记。

陶然亭茶路会碑记

今有缺点而为优点、恨事而成快事者，陶然亭茶路会是也。浦西桃岭又名陶岭，为小西乡出入要道，向由砾石砌筑，凹凸难行。清季，石锦仁独铺石级，集会岁修，贵亦尝司其事，然于路未遑暇及。民国十八年，张宇模可芝倡修路政，东起古佛堂，西至岭脚，凹者填之，凸者铲之，辟狭补缺，均铺砥石。楼凤起复于岭之东麓购基量度，造亭三间，高爽宽朗，余子式书其匾曰“陶然”。此非一乡之优点、一乡之快事乎？未也，当夏秋之际，肩负竹木柴薪入市者络绎不绝，汗如雨心如焚。薰风虽可解愠，望梅终难止渴，缺点也，恨事也！幸矣，而凤起乐善不倦，又与张三星等磋商施茶之举。诸善士助产输金，不遗余力，共得四十七人合成一会，名曰“陶然亭茶路会”。盖以施茶之余，继续修路。是役也，行者便、息者便、渴者便，一举而得三便，吾故曰：“缺点而为优点、恨事而成快事者，陶然亭茶路会是也。”抑之闻之子舆氏有言“人能扩充四端，足保四海”，诸君果能扩而充之，将不止为一乡之幸福也！功既彰将勒诸石碑，人嘱余为记，余嘉诸君之事有始终，余犹能乐观厥成也，故叙其大旨如此。若夫捐造亭路已登匾额，兹不复赘。是为记。

庠生　张贤贵撰

民国二十八年岁次己卯九月　立

注：此碑记见于浦江桃岭东麓陶然亭内的“陶然亭茶路会碑”。该碑系民国二十八年（1939）九月所立。桃岭是浦江县城通往廿四都山区的大道，这里指的是大桃岭，其北还有小桃岭，是羊肠小道，但步行可少走五里路。

作者张贤贵，生平不详，清代浦江庠生。

农村文化礼堂传承优秀的茶文化

农村文化礼堂，是浙江省在2013年按照“文化地标、精神家园”的目标定位建立起来的，到2017年底全市已建农村文化礼堂932家。它是践行社会主义核心价值观，提高群众道德素养，丰富农民文化生活的综合体和精神文明的道德高地。市科协和茶文化研究会，于2015年提出了茶文化五进活动，即进机关、进乡镇、进社区、进校园、进企业。其中进乡镇主要是进农村文化礼堂。金华是浙中主要茶区，农民素有饮茶品茗的传统习惯，茶文化深深地根植于民情风俗、道德礼仪和日常生活之中。近几年来茶乡的农村文化礼堂，都已开展了茶文化活动。在重阳节，许多文化礼堂举行“重阳敬茶礼”，报答父母长辈养育之恩，传承“百善孝为先”的高尚品德。磐安县双峰乡大皿村，流传“寿电奉茶”的舞蹈，原为婺剧小戏“浪子踢球”中动作诙谐、技巧鲜明的舞曲。该村文化礼堂建成于2014年，在2015年9月全省文化礼堂文化员才艺大赛中，礼堂文化管理员羊荣地表演的“寿龟奉茶”荣获银兰花奖，由此该村文化礼堂名扬全省。武义县白姆乡水阁村，以斗牛壮观而闻名，该村拥有茶园500亩，是村民的主要经济来源。2015年文化礼堂建成后，在斗牛场对面的茶园山腰上，建造了一尊几米高的巨型大茶壶，茶文化的形象工程非常显眼。婺城区白龙桥镇天姆山村文化礼堂，是该镇品牌特色最鲜明的礼堂。天姆山村文化礼堂2015年9月建成后，当地进一步发掘该村种茶、采茶、制茶的工艺流程，丰富了礼堂“七廊”中茶文化展陈馆的内容。馆内展示有两支身穿汉服的由少年和老妇组成的茶文化表演队，优雅地端坐在茶具前，跟着茶艺师一起进行茶艺表演，进一步体现了该村传统文化的独特魅力。该区竹马乡金店村，早年栽培茉莉花，是金华茶厂窨制茉莉花茶的基地。现在金店人在云南制作普洱茶，他们把普洱茶的加工流程带回本村，将普洱茶器、茶饼陈列在村史创业馆。金东区 2015 年 11 月 20 日在孝顺镇车客村文化礼堂启动的“美丽非遗百村行”的活动，有个非常引人注目的节目，就是泥茶壶制作的传人徐正统，熟练地揉泥、拉胚做壶身，随着底下转床不停地旋转，一个泥茶壶的雏形很快形成，引起了全场观众的共鸣。大家纷纷表示，小时候家家都有这样的一把茶壶，茶水格外清凉，现在还是怀念的。

茶文化进入农村文化礼堂，迎来了盛世兴茶的历史机遇和优越环境，使得当代茶文化“清、敬、和、美”的核心理念进一步得到弘扬，衷心祝愿茶文化在各地文化礼堂得到全面推广，生根开花。

古婺三位为民减免茶贡茶税的良吏官员

茶贡茶税是历代封建王朝苛捐杂税中最重的一项。茶农不堪其苦，在深夜听到犬吠声就怕官府来收茶贡茶税了。然而，旧时金华也曾出过三位地方官体恤民情，向朝廷申请为民减免茶贡茶税，受到人们的好评。

其中一位是南宋建炎三年（1129），诏令任婺州（今金华）知州的苏迟，他上任伊始，正值春茶采制、蚕茧织丝的季节。当时宋高宗赵构降旨，要婺州岁贡婺州茶和罗绫，数目可观，民不堪受。旨到婺州，苏迟夜不成寐，秉笔疾书，列举婺民疾苦，疏成急急启程进京（临安，今杭州），力陈婺州岁贡之重，子民不堪重负。宋高宗御阅苏迟奏折，深感南宋初建，婺州离京较近，为稳定民心，认为岁贡不宜过重。于是，核准苏迟奏请，诏准婺州贡茶减去一半，贡罗五万匹减为二万八千匹。金华百姓得知此事，无不拍手称快，啧啧称赞苏迟是爱民如子的父母官。苏迟系苏辙（苏轼之弟）之子，眉州眉山（今属四川）人。他婺州知州任满时，子民依依不舍，盛劝之下苏迟决定不回祖籍眉山，而侨居金华，儿子苏简入金华籍。今金华南郊“苏孟”、西郊“雅苏”中姓苏者皆为苏迟后裔。

另一位是吴师道（1283—344），字正传，兰溪城内人。元至治元年（1321）进士，授高邮县丞，后任严州路建德县尹。曾为国子监博士，以礼部郎中致仕（退休）。吴师道在建德县尹任上，遇大旱，田禾干枯无收，饿殍载道，饥民仰食于官者33万人。建德盛产苞种茶，茶叶因旱严重歉收，许多茶园不收，但重税不减，茶农为此困苦不堪。吴师道关心百姓疾苦，尽力赈济饥荒。他劝告富户捐粟37 600石，又用官储及赃罚钱银38 400余锭，请官粟40 000石，赈济饥民赖以生存。同时，奏请朝廷实情，茶税得到减轻，茶农称快。吴师道礼部郎中致仕后在家中去世，他的事迹在《元史》卷一百九十、列传第七十七《儒学二》中有详细记载。吴师道本人也是喜茗的茶人，在他的诗作中，有诸多咏茶诗作。《春日独坐》："茶烟淡淡风前少，庭叶沉沉雨后添。何处杨花念幽独，殷勤入室更穿帘。"他还喜与友人一起抚琴品茗。

再一位是冯亮，字执夫，号贞斋，金华东郊山口村人，生卒不详。明嘉靖十一年（1532）进士，由丹徒知县升至河南布政司参政，入觐以考试第一擢四川按察使，特赐文绮宴于南宫。

明嘉靖十六年（1537），冯亮在任四川按察使期间，四川遭受百年未遇到之洪灾，淫雨连绵致使嘉陵江、沱江、涪江、岷江河水泛滥，漂田庐、害稼穑，田禾尽毁，桑茶受害，漂溺者甚众，灾后饿殍遍野。但田赋和茶贡如旧。冯亮体贴民情，深感灾害面广，损失惨重，雅、蜀、邛、嘉、彭、汉、绵、制等州贡茶不堪重负。冯亮于是奏请嘉靖皇帝，请求免除灾民田赋，减负茶贡。嘉靖帝准奏，万民称颂，无不感恩称赞，冯亮均婉言谢绝。

冯亮在四川为官，拒馈金、裁冗员，对食盐、茶马、兵籍等政事多有革新，以爱民节用，清廉刚正，清贫自守，不阿附权贵著称。辞官归回故里，卒时宦囊止存40余金。乡里为表彰其为官之官品，请准建"七桂联芳坊"以纪念。

李学智对金华茶业发展做出的贡献

李学智（1923—2005），山东临清人。1952 年从中共建德地委调至中共金华地委工作，初任农委书记，继任地委副书记、地委书记。他在金华工作 19 年，为金华地区农业发展，特别是兴修农田水利，开发黄土丘陵，发展粮食和茶叶生产做出了杰出的贡献。

李学智同志到金华地委工作后，正式发展农业合作化。当时东阳东白茶是唐代的历史名茶。他与东阳县委共同研究，在 1953 年提出计划，到 1955 年建成了全省第一个东白茶高级农业生产合作社，经营茶园由 1 857 亩增加到 3 400 亩，推动了东白历史名茶的发展。

李学智同志在开发金华黄土丘陵资源的过程中，总结推广了农业合作化高潮中群众创造的按照丘陵坡度“水平带”种茶的经验，即“等高水平条植法”。这样改革后，每亩茶园可由 500 丛增到 1 400 丛，在茶行中开挖如同面盆的“鱼鳞坑”，还可以蓄水抗旱。

1955 年 7 月开始，李学智同志根据省委指示，接收杭州、绍兴、萧山等地城镇社会青年、闲散劳力、复员军人等 2 692 人，利用金华丰富的黄土丘陵资源，先在金华城南 11 公里的南山脚下，初建石门农林牧试验场。以后几经扩大定名为金华石门农垦场，经营面积 9 503 亩，其中茶园 4 230 亩，自办茶厂，1985 年即产茶 682.3 吨。

李学智初来金华工作时，金华地区茶园4.04万亩，1971年他调离时已达21万亩，增长4倍多。直到他在全国人大任民族委员会主任时，还多次回到金华，帮助萃丰公司开发茶叶籽食用油，并推销到东南亚各地。他至今仍然受到金华人民的热情称赞。

重振金华茉莉花茶的雄风

茉莉花，以芳香著称，被誉为“人间第一香”，是窨制花茶的主要香花。茉莉花原产波斯湾，汉朝时从西域经“丝绸之路”传入我国。北宋初福建开始种植，金华从福建引种，已有 300 多年历史，最早在今金华市罗店镇一带栽培。茉莉花的花期，按季节可分梅花、伏花、秋花，夜间开放，优花比例大，花质最佳。

中华人民共和国成立前，金华茉莉花仅供庭院观赏，很少用于窨制花茶。民国二十五年（1936）产鲜花 15 吨。抗日战争期间产量骤减，1943 年仅 1 吨左右。抗战胜利后稍有回升，但仍然衰落。

新中国建立后，1954 年兴办金华茶厂，茉莉花由供庭院观赏转为主要供窨制花茶，生产快速发展，1978 年金华茉莉花产量达 568.9 吨，仅次于福建，跃居全国第二，被国家列为香花生产基地之一。产区从局限于罗店、竹马、乾西等乡逐渐扩大到双龙、新狮、山桥、多湖、城南、东孝及孝顺、曹宅、澧浦、琅琊、汤溪等区乡，被国家列为花茶生产基地和出口产品基地。1985 年金华茉莉花产量 2 350 吨，茉莉花茶产量鼎盛时期达 5 000 吨，列全国第一。由于金华茉莉花晶莹洁白、清雅秀丽、馥郁幽远、花质优异，具有香味“馥郁芬芳，鲜灵甘美”的品质特征，产品胜过福建，不仅闻名全国，在国际上也独树一帜。当时《香港经济导报》称赞金华茉莉花茶“琼浆初举欲占口，茶兼花香更袭人”。1985年，金华茶厂出口的特级和1~3级茉莉花茶，在全国花茶评比中荣获商业部优质产品奖。花香茶佳，赢得国内外消费者赞誉，产品远销欧美、东南亚、非洲等40多个国家。

然而，1986年以后，金华茉莉花和茉莉花茶产量逐渐回落，原因是当时乡镇村办企业全面快速发展，加工茉莉花茶企业不断增多，出现市场不正当竞争，花价持续上升，加工成本增加，茶叶市场滞销。再者，茉莉花喜温怕寒，一般不能露地过冬，越冬需入室存放，而1991年当地遭遇寒冬，茉莉花越冬死亡者多，许多茉莉花茶加工企业因亏损先后倒闭，此后金华茉莉花茶很少在市场出现，取而代之的是绿茶在各地普遍兴起，金华茉莉花茶的金名片就此烟消云散。

今天，随着党的十九大精神的深入贯彻，在新时代中国特色社会主义思想指导下，实施了乡村振兴战略，始终把解决好“三农”问题作为全党工作的重中之重，努力加快推进农村和农业现代化。这给重塑金华茉莉花茶辉煌提供了十分优越的条件，首先，具有融入“一带一路”丝绸之路经济带的优势。金华茉莉花茶与习近平总书记提出的“一带一路”战略构想，有着千丝万缕的联系。随着“一带一路”建设的发展，义新欧班列常态化运行，义乌小商品城与全球各个国家和地区的贸易往来，可让金华茉莉花茶通过这条大道进入“一带一路”沿线的国家，为金华茉莉花茶的重塑做出重要贡献。其次，有先进科学技术的支撑。茉莉花喜温怕寒不易越冬的特征，过去是移入室内越冬，发展受到人力设备的制约。如今钢架大棚的普及，恒温栽培为茉莉花新的发展克服了栽培的难题。金华丘陵地区栽培的茉莉花，花质远远胜过福建、广西等地，这是金华茉莉花茶“人无我有”

得天独厚的优势。第三，金华加工茉莉花茶的技术优势深厚。尽管这些年金华很少生产茉莉花茶，但至今在北京、山东等地仍有金华茉莉花茶的市场。全国许多地方茉莉花茶加工企业的技术骨干和市场营销人员也有许多是金华人，这是在重塑金华茉莉花茶辉煌中最积极的因素。第四，具有优越独特的文化优势。茶叶是最具文化属性的产品，茶文化博大精深，源远流长。杭州西湖龙井茶，就是以龙井秀丽的湖光山色，龙井“胡公庙十八棵御茶树”等丰富的文化内涵，成了中国第一茶。只要把茶文化清、敬、和、美、怡的核心理念，以及“从来佳茗似佳人”（苏东坡诗）、“饮好茶是一种清福”（鲁迅语），品茗“两腋清风、胜登蓬莱”（卢仝诗）等丰富的茶文化内涵，融入茉莉花茶的品牌，这样必将提高中外消费者对金华茉莉花茶的认可度及其自身的知名度，收到与金华火腿同样的品牌效应，成为金华的又一张金名片。再者，栽培茉莉花，也是生态环保、绿色美丽乡村建设的一项内容。

近 20 多年，金华浙中茶区制茶企业，制作的普遍是绿茶中的历史名茶和地方名茶，但仍有个别企业在制作茉莉花茶。兰溪市黄店镇婺州茶业有限公司，目前拥有 600 亩茉莉花出口备案基地，兰溪毛峰茶是国家地理标志保护的名茶。婺州茶业有限公司称得上当今金华市生产茉莉花茶的龙头企业，它在茉莉花茶领域已经坚守 30 多年，产品比外省同类好，价格也比别人低，它将为引领金华茉莉花茶重塑辉煌做出重大贡献。

金华与非洲马里一项重大茶事外交活动纪实

1991 年 5 月至 1994 年 5 月，受国家派遣，时任金华七一茶厂厂长的王国华（高级农艺师）、徐根华、张月楼等人，受农牧渔业部派遣，赴非洲马里共和国，通过整顿锡加索茶厂，传授茶叶企业管理知识与茶叶栽培加工技术。王国华任中国茶叶专家组组长，兼任马里锡加索茶厂总经理；徐根华任该厂加工处处长；张月楼为法语翻译。

锡加索茶厂是马里唯一的国有茶叶生产企业，是中国政府于 1967 年援建的国有企业。由于当地政变使得茶厂 5 个销售点 3 个被烧，加之恶劣的自然条件和管理不善，茶园长势不好，茶厂负债累累，工人四个月没发工资，仓库里茶叶堆积如山售不出去。王国华等专家组成员，一下飞机就直奔锡加索茶厂。通过细微的调查研究，他们很快提出了改革方案，政策上实行精兵简政，精简人员；生产上通过“采嫩茶，采好茶，多采茶，分批采，及时采”等方式，提高茶叶质量；技术上科学施肥，冬季采茶结束后，对茶树深耕，以提高茶园活力。为促进茶叶销售，他们把炒茶摊摆到闹市区，现炒现卖，免费泡饮。茶香吸引了很多顾客，尽管好茶价高但销售良好。从而库存减少，利润增加，扭亏为盈，及时发放工资，偿还了 6 800 万法郎债务，年年上缴利润，还让马里人爱上了喝茶，增强了发展茶叶生产和茶文化欣赏的意识，由此专家组得到了马里政府和人民的一致好评，他们为中马友谊谱写了新的篇章。

今天随着“一带一路”倡议的深入发展，马里等非洲国家的茶业有了新的发展和提高，王国华专家组不远万里茶事援助非洲之行已深深印在马里人民心中。

注：文中的七一茶厂，在“文化大革命”时属七一农场，即今金华石门农垦场的茶厂。

改革开放四十年　金华茶业茶文化新发展

2018年，迎来了我国改革开放四十周年。国家主席习近平在《2018年新年贺词》中指出："改革开放是当代中国发展进步的必由之路，是实现中国梦的必由之路。"金华市改革开放以来的实践表明，习主席的这个论断无比正确，我们必须以"逢山开路，遇水搭桥"的勇气，将改革开放进行到底。

1978年冬，安徽凤阳县小岗生产队，18户农民首创土地分包到户的"家庭联产承包责任制"后，金华市于1981年秋也以势如破竹之势，在全市40 000多个生产队中先后全面推行了"家庭联产承包责任制"，从而结束了"一大二公"人民公社僵化体制的束缚，走上了改革开放的道路。茶业的改革是在耕地分包到户经营的同时，把零星和成片茶园以及部分荒山荒丘也先后分包给农户家庭经营，发展茶叶生产等。由于家庭经营与茶农经济利益直接挂钩，又能适应茶叶生产露天栽培、受气候影响大、季节性强等特征，该政策措施深得八婺大地茶农拥护。随着土地承包期的延长，茶园承包期也得到延长。2002年全国人大根据宪法制定了《中华人民共和国农村土地承包法》，确定土地承包期30年。党的十九大提出，为稳定土地承包关系稳定长久不变，二轮土地承包期到期后再延长30年。2006年国家在宣布全国免征农业税的同时，也取消了包括茶叶在内的农林特产税。

茶农出售自己采制的茶叶，不需交纳任何税收。各县（市、区）地方政府，对老茶园改造，发展新无性系良种茶园，以及购置制茶机械等，也分别给予一定补贴。这一系列改革开放利农惠农的政策措施，极大地激发了茶农栽培和适时采制茶叶的积极性，促使茶园面积不断扩大，特别是茶叶质量不断提高和产量持续上升。全市茶园面积由改革开放前 1977 年的 24.1 万亩，扩大到 2018 年的 35.9 万亩，扩大 40% 多；茶叶产量由 4 097 吨增加到 29 000 吨，增长 5.2 倍多。茶叶已经成为当地农业的一大主导产业。

改革开放 40 多年来，金华市茶叶生产，在推广茶树无性系良种茶园的同时，坚持质量兴茶、品牌兴茶、绿色兴茶，发展新的茶业经营主体。东阳东白茶和婺州举岩茶，是历史名茶。东白茶始于晋代，在唐代便负有盛名。举岩茶因其“片片方细、煎如碧乳”亦名扬各地。这两个历史名茶，都已按照传统技艺恢复制作，获“国家级名茶”称号。举岩茶 2008 年传统制作技艺已列入国家级非物质文化遗产名录。市属各县（市、区）也“整合品牌，一县一品”，各有地方名茶。金华双龙银针、磐安云峰、浦江春毫、兰溪毛峰、武义武阳春雨，永康方岩绿毫、义乌道人峰茶等都先后获中国国际博览会金奖。武义武阳春雨和兰溪毛峰茶，已列入国家农产品地理标志保护。金华茉莉花茶，20 世纪 80 年代，因其“琼浆初饮欲沾口，茶兼花香更袭人”，在大江南北曾经名噪一时。在坚持品质、品牌兴茶的同时，各地把绿色兴茶放到重要位置，积极推进农药减量机制与技术创新机制。金华是最早建设有机茶的地市，武义是全省有机茶试点县，采云间公司是“中国有机茶第一家”，该公司经理潘金土是“中国有机茶第一人”。武义县 2002 年就获“中国有机茶之乡”称号，当时全县有机茶颁证面积达 10 455

亩，到 2009 年全市有机茶颁证面积达 62 250 亩。随着人们生态环保要求的提高，各地已把发展有机茶列为茶业结构战略性调整的需要，采取有效措施促其快速健康发展。在坚持品质、品牌、绿色兴茶过程中，发展新的茶业经营主体，起着重要作用。茶叶专业合作社，是茶农自愿组织起来实行产供销一体化的茶叶生产经营组织，全市至 2013 年达 174 家。武义县九龙山茶叶专业合作社，社员 518 家，其中入股社员 19 家，松散型联系社员 499 家。浦江县大畈乡东坪茶叶专业合作社，成立于 2006 年，拥有核心示范基地 650 亩，辐射茶农 115 户。收购鲜叶辐射到大畈乡大姑、小姑名茶产区农户的茶山，以及檀溪、虞宅、杭坪等乡镇的茶园，涉及茶山 4 395 亩。该社是中国农科院茶研所科技特派员团队服务企业，生产的“东坪”牌东坪高山茶被认定为省名牌产品，合作社为省示范性茶业专业合作社。金华市自 2004 年开始，全面启动扶持初制茶厂优化改造，现有茶厂 362 家，已改造 286 家。全市现有市级茶业龙头企业 33 家，其中国家级 1 家，省级 4 家，这为提高茶业产业化、组织化水平发挥了极大作用。

改革开放 40 多年来，金华市茶产业与茶文化，相得益彰、相辅相成。茶产业发展促进了茶文化繁荣，茶文化繁荣推动了茶产业发展。实践证明了习近平总书记“文化是一个国家一个民族的灵魂”论断的正确性。为繁荣茶文化，金华市成立了茶文化研究会，并于 2007 年筹备出版《八婺茶文化》季刊。刊物内容丰富、文理相融、图文并茂。至今已出版 40 多期，每期内部交流 2 000 册。2016 年又编写出版《金华茶文化丛书》，内容包括《金华茶史茶俗》《金华茶诗茶文》《金华茶业茶人》三册。这些都使金华人民特别是茶农，受到更丰富美好茶文化的熏陶。2010 年以后，金华在每年春茶采摘季节，都举行“万民品茶大会”，以茶会友、以茶兴商、以茶富民。近年又开展了茶文化五进活动，即茶文化进机关、进乡镇、进社区、进校园、进企业，有力促进了茶文化在城乡的普及。上述一系列的举措，使得茶文化成为文明的象征，茶为国饮成为全民的共识。

习近平总书记任浙江省委书记期间，于 2006 年 6 月 13 日视察了磐安县玉山古茶场，有力推动了金华市茶产业和茶文化的发展。这个茶场始建于晋代，是一个集种茶、采茶、制茶，并融祭祀、茶叶交易于一体的古茶场，至今是全国唯一的茶业古建筑历史文物，国务院于 2006 年公布为“全国重点文物保护单位”。习总书记视察后拨出专项资金 500 万元进行修缮，从而迎来了古茶场焕然一新的今天。这个茶场每年春秋两季，传统的“赶茶场庙会”文化是重头戏。竖大龙虎旗、迎大黄凉伞等精彩表演至今长盛不衰，磐安县已被有关部门授予“茶文化旅游示范县”的称号。

习近平总书记提出“一带一路”的战略构想后，金华市各级领导与茶叶企业，充分认识到它的战略意义，一致认为茶叶自古以来就是“一带一路”的重要贸易商品，决定要利用“义新欧班列”常态化运行、义乌国际商贸城与全球 200 多个国家地区有贸易往来的优势，在制作绿茶的同时，也制作红茶、黑茶等多种茶类，以“六茶共舞”的新姿态，把金华茶叶融入“一带一路”，努力把金华建设成为“一带一路”的一个战略节点。

开发扩大茶叶食品消费市场

2018 年初夏的一天，金华市农业局 20 多位离退休干部，到清代著名作家和戏曲理论家李渔的家乡——兰溪市夏李村参观访问茶叶生产。夏李村早已开办了“英特茶叶有限公司”，拥有茶叶生产加工基地 1 200 多亩，联结周边农户茶园 3 500 多亩，自有品牌“李渔家茶”，荣获第五届国际名牌金奖，企业荣获“省示范茶厂”称号。

现在英特茶叶有限公司，在继续采制明前、雨前“李渔家茶”名牌产品作为饮料的同时，还配置两条自动化生产线，将茶叶加工成茶粉末，以每公斤 200 元的价格，外销出口到有关国家，作为制作面包、糕点以及棒冰等食品的原料。将茶叶加工成粉末作为食品，茶叶利用率高，春夏秋茶都可，夏李村开发茶叶食品消费市场，这在八婺诸多茶叶企业中尚属第一家。

我市随着茶叶生产能力的快速发展，茶叶食品开发已经成为茶叶转型升级的一项重要内容。当今世界各国，如韩国、日本等国茶叶早已广泛应用于食品。我国台湾地区目前人均消费茶叶 1.6 公斤，其中按传统饮用方式消费的不过一半，另有一半多是通过食品（或用品）开发等渠道消费的。

习近平总书记倡导“一带一路”的战略决策，将为茶业发展带来千载难逢的机遇。茶叶生产在继承传统“茶为国饮”作为主要饮料的同时，还应适应“一带一路”沿线国家茶叶消费市场的需求，从多方面开辟茶叶消费市场渠道，增加出口量，以提高茶叶的经济效益和社会效益，增加茶农的收益。

将茶叶制造粉末成为食品原料，事前需将茶园用黑色塑料薄膜遮盖七天左右，避免因阳光照射造成茶多酚、咖啡碱、脂多糖等成分的损失，保留其有效药理成分，以发挥产品更大的保健作用。

抹茶产业正在浙中茶区金华悄然崛起

抹茶是以碾茶为原料，经超微粉碎加工而成的粉状绿茶，因其颜色翠绿，氨基酸含量高而受到国内外食品饮料加工企业的青睐。当今抹茶市场价每公斤 200 多元，生产抹茶每亩茶园产值可达一万元。自 2011 年开始，特别是近年来抹茶产业已在我市悄然崛起。全市现有抹茶生产企业三家。2018 年产值 6 975 万元，比 2017 年 2 930 万元增长 1.38 倍。兰溪生产李渔家茶的英特茶业有限公司，今天已成我市抹茶的主要供应商之一。

我们金华市现有茶园面积 35.9 万亩，茶叶总产量 2.9 万吨，总产值 17.3 亿元，位居全省前列，带动就业 25 万人。习近平总书记高瞻远瞩地提出了“一带一路”的倡议，其沿线的许多国家，是世界上最重要的茶叶生产和消费国。这给我市茶叶产业发展特别是茶叶出口带来了新的发展机遇。我市现有茶叶企业，若能加大抹茶产业投入的力度，努力提升抹茶产业的深加工能力，我市茶业发展必将迎来生机盎然、蓬勃发展的新阶段。

金华茶叶生产迎来七十年辉煌

金华市地处金衢盆地东侧，境内丘陵蜿蜒起伏、峰峦叠翠，土壤气候等自然条件适宜茶树栽培成长，是浙江中部的茶区，2018 年全市茶园总面积 35.9 万亩（最多时 38 万亩），茶叶总产量 2.9 万吨，总产值 17.3 亿元。茶叶生产已成为农业的主导产业之一。

中华人民共和国成立 70 多年来，金华茶叶生产已经历四次大发展，彰显了金华茶叶生产的辉煌，并在推动着提前实现全面小康社会，实现第一个百年奋斗目标。今将这四次大发展的动力、过程和绩效记述如下：

第一次大发展是农村实行土地改革，在解放农村生产力的同时也解放了茶叶生产力。中华人民共和国成立前的 20 世纪上半叶，战事纷乱，特别是十四年抗日战争时期，境内茶园多数荒芜，生产萎缩。中华人民共和国成立后，人民政府于 1950 年秋领导农民开展轰轰烈烈的农村土地改革运动，到 1951 年秋完成。土地改革中，对于茶园的分配，依据《中华人民共和国土地改革法》第 16 条规定："没收和征收的山林、鱼塘、茶山……荒地及其他可分土地，应按适当比例折合普通土地统一分配之。为利于生产，应尽先分给原来从事此项生产的农民。"按照这个规定，金华各地按四亩茶山折合一亩普通土地，首先分配给原来从事茶叶生产的茶农所有并经营。茶乡的农民分到自己所有的茶山后，生产积极性空前高涨，茶叶生产得到快速恢复发展。到土改后的1953年，全市茶园面积4.58万亩，比土改时3.18万亩增长14.3%；茶叶产量1 480吨，比土改时930吨增长15.9%。土改后，国家给茶农发放无息贷款，支持茶叶生产恢复发展。茶农的三季毛茶由国家“中茶公司”收购，不要受地主、资本家中间剥削，茶农收入大大增加。

第二次大发展是农村土地入社集体所有统一经营，推动茶叶生产规模增长。1953年12月，中共中央发出《关于发展农业生产合作社的决议》，1955年毛泽东主席作了《关于农业合作化问题》的报告，编发了《中国农村社会主义高潮》一书，金华全面建立了土地集体所有统一经营的高级农业社。当年东阳东白山创建了全省第一个经营茶园3 400亩的东白山高级农业社。接着全面实行人民公社化，在农业合作化、人民公社化高潮中，广大茶农为改变以往种茶零星分散，丛播稀植的状况，创造了适应丘陵山地栽培的“水平带”植茶法，即等高水平条植法。对低丘岗地按坡度等高条植，山区按水平等高或筑梯坎成片条植。通过改革每亩茶园由500~600丛增加到1 400丛。同时，根据丘陵地区往往夏旱连秋的状况，推行在茶丛旁相隔一定距离开挖如同面盆大的小坑，称“鱼鳞坑”，保持水土，蓄水防旱。通过农业合作化人民公社化，依赖土地集体所有劳力统一经营的优势，各地发展了一大批连片规模种茶的茶园。同时建立了石门农垦场、金华孝顺老虎山农场、永康县茶场、东白山茶场、兰溪茶场等9处农垦场园，经营面积3万多亩，其中茶园13 000多亩。1964年各地响应毛主席“农业学大寨”的号召，在自力更生、艰苦奋斗、开天辟地建设“大寨田”的同时，也开辟了一批连片规模的茶园。到1978年，全市茶园面积达到25.47万亩，比1953年4.58万亩增长4.56倍，茶叶产量达到4 675吨，比 1953 年 1 480 吨增长 2.16 倍。

第三次大发展是全面推行家庭联产承包责任制，坚持走改革开放必由之路的推动。1978 年安徽省凤阳县梨园公社小岗生产队 18 户农民，首创土地分包到户经营的“包干到户”责任制后，金华也先后有部分生产队实行“包干到户”。在全省率先推行了“包干到户”（后统称“家庭联产承包责任制”）的改革。当时茶山也随耕地分包到户经营，部分荒山荒丘也分包给农户栽培茶桑果，并随耕地延长了承包期。由于家庭经营与农户经济利益直接挂钩，这就极大地调动了茶农对原有茶园经营管理以及新茶园垦发的热情。全市茶园面积由 1978 年的 25.47 万亩增加到 1990 年的 26.77 万亩，茶叶产量由 1978 年的 4 675 吨增加到 1990 年的 12 234 吨，茶园面积增加 5.1%，而茶叶产量猛增 1.61 倍。这说明家庭经营适应露天栽培的茶叶生产。因为茶园要深翻松土，除草施肥，防治病虫害，并随气候变化及时照料护理；采摘的茶园要进行修剪；新茶要按春夏秋三季及时采摘，因为采茶“前三日早，正三日宝，后三日草”；制茶技术杀青烘焙等都要不断改进提高技术创造名牌。因此茶叶产量自然成倍增加，质量随之提高。随着茶叶生产实行家庭联产承包责任制的改革，金华窨制花茶的主要香花——茉莉花的主要产区也随之扩大，种植户随之增加。茉莉花产量由 1978 年的 563.9 吨快速增加到 1985 年 2 350 吨，列全国第一。茉莉花茶产量鼎盛时期达 5 000 吨，列全国第一，产品胜过福建，在国际上独树一帜。产品远销欧美、东南亚、非洲等 40 多个国家。以后茉莉花茶逐渐回落，原因是金华茉莉花需室内越冬，搬移劳力成本高。特别是在 1991 年时没有大棚，当地又遭遇特大严寒，茉莉花冻死极多，取而代之的是绿茶在各地兴起，产品远销国内外。

第四次大发展是全面建设小康社会，实现第一个百年奋斗目标的推动。进入21世纪后，2002年11月党的十六大提出我国21世纪头20年实现全面建设小康社会的宏伟目标。三中全会，提出全党必须更多关注农村，关心农民，支持农业，把“三农”问题作为全党工作重中之重。2004年后中共中央、国务院连续发出16个聚焦三农、强农惠农的1号文件，分别先后强调“对农民采取多予、少取、放活的方针”；“把推进农业科技作为三农工作的重点”；“在全国范围内取消农业税，取消除烟叶以外包括茶叶在内的农林特产税”等。中央这一系列的重要决定，有力推动了作为农业主导产业之一的茶叶生产。主要措施是在全面推广茶树无性系良种茶园的同时，坚持走绿色、生态、有机的路子。绿色是茶叶的底色，是茶叶发展最大优势和宝贵资源，而种有机茶，施有机肥，是保持新鲜空气，防止水污染，符合现代人绿色健康生活的要求。习近平总书记2013年提出“一带一路”的战略构想后，从义乌至西班牙马德里的“义新欧班列”，全程130 552公里，该班列的开通，金华运往欧洲的绿茶和运往相关地区的武义黑茶，出口批次、批量、货值翻番地增加。

总起来说，中华人民共和国成立70年来，金华茶叶生产在党中央和习近平总书记在浙工作期间亲自制订“八八战略”的指引下，已经发生史无前例的重大变化，取得了极其辉煌的成就。饮茶既能清心、醒酒、保健、长寿，更是艺术欣赏精神享受，与茶叶生产相互依存的茶文化，在当代也再现了辉煌期。

茶德茶韵茶道皆具清香

“茶有十德说”助推提高社会道德水平

唐末刘贞亮（生卒年不详），对茶事具有独立见解。他提出了“茶有十德说”。具体内容是:“以茶散闷气，以茶驱睡气，以茶养生气，以茶除疠气，以茶利礼仁，以茶表敬意，以茶尝滋味，以茶养身体，以茶可雅志，以茶可行道。”

唐代陆羽在他作的《茶经》中只提道:“精行俭德之人，若热渴、凝闷、脑疼、目涩、四肢烦、百节不舒、聊四五啜，与醍醐、甘露抗衡也。”讲的是饮茶的效果，而非专论茶德。

从刘贞亮的“茶有十德说”可以看出，茶在我国 5 000 多年漫长文明的历史岁月中，不仅是健身的饮料，而且是举国之饮，更是代表国家和民族灵魂的一种文化，是文明的象征、精神的化身、友谊的桥梁，有着更深层次的精神境界和价值取向。

刘贞亮“以茶养德”的观点，不仅丰富与发展了陆羽的茶德思想，更为后人研究创立茶道、茶德、茶魂、茶风、茶俗、茶礼、茶仪、茶禅一味、茶文化核心理念，奠定了坚实的理论基础，也对全社会树立社会公德、职业道德、家庭美德等产生了深远的影响。

谈饮茶之道

鲁迅先生在《喝茶》杂文中说道："有好茶喝，会喝好茶，是一种清福。"人人都想享清福，但清福怎样才能享到，这是个值得探索的问题。

饮茶之道，最重要的就是要在品味中下功夫。现代著名文学家林语堂（1895—1976）先生依据自身体会，总结了喝茶的十点艺术和技巧。还说"茶如隐逸，酒如豪士；酒以结友，茶当静品。"静品就是喝茶时要把心静下来，把一切琐事暂且放下来，静静地品，仔细地品，品出一个清静、清和、怡神养性的境界。婺州举岩茶，杭州西湖龙井茶，仔细品味，能唇齿留香，有淡雅之味，无喧嚣烦躁之形，主要在于一个"静"字。

有好茶喝会喝好茶，还要会泡茶，这并不是每个人都能做到的。泡茶有四要素，即茶叶用量、泡茶水温、冲泡时间、冲泡次数，都要适度。茶叶用量不同人群应当不同数量，不同茶类冲泡时间也有长短，如是砖茶还要煎煮。

茶具器皿，也关系到喝好茶。瓷器盖碗是比较理想的茶具。它有保温保洁保持茶香的功能，喝起来茶有清香味。

现在一些茶叶企业，往往只注意采摘、加工、销售，而忽视饮茶之道的宣传，不注意教人们如何喝茶，如何冲泡茶。一个茶企业好品牌的形成，应是品质、文化等综合因素的结果，茶文化的作用是必不可少的。

说茶禅一味

我国自古以来，有“茶禅一味”的说法。禅意为静坐，“茶中有禅，茶禅一体”，意指禅与茶为同一味，品茶为僧人坐禅前奏，坐禅是品茶之目的，两者水乳交融。僧人们坐禅修行，均以茶为饮。茶可提神，茶消腹满，茶为不发之物。人们品茶、饮茶为清心、醒酒、保健、长寿，更是艺术欣赏，精神享受。禅的真境界，茶的真滋味，只有僧人和茶人能知之。

于是，僧人与茶人有了共同理念。僧人与茶人说参禅，茶人与僧人论茶道。僧人说：“色即空，空即色。”茶人说：“水非茶，茶即水。”僧人说：“实意诵经敬菩提。”茶人说：“专心煮茶出真味。”僧人说：“明心见性，超度众生，是佛陀。”茶人说：“遇水舍己，济人无数，为茶饮。”僧人说：“心就是佛。”茶人说：“佛就是水。”僧人说：“茶是生活。”茶人说：“生活是茶。”僧人说：“禅在茶里。”茶人说“茶在禅中。”

按照茶禅一味的要求，品茶重在意境，饮茶既是艺术欣赏，又是精神享受。于是，僧人茶人，都在“品”字上下功夫。通过观其形，察其色，闻其香，尝其味，美妙尽在色、香、味、形的不言中。

茶禅一味对儒道释各家来说，佛门看到的是禅，羽人看到的是气，儒家看到的是礼。共同看到的是静。道家主静，儒家主静，释家更主静。一个静字概括了各家所思，只有商家看到的是一个利字。

茶韵品不尽

茶为我国南方嘉木，种类繁多，有绿茶、红茶、乌龙茶、黄茶、白茶、黑茶之分。红茶深沉，绿茶雅淡，黄茶黄汤，黑茶粗老。尤其西湖龙井茶以其独特魅力使人神往。产于不同地域，不同特色的茶类，适宜不同地区、不同民族、不同消费层次和不同的消费需求。它们汇聚了山川之灵秀，日月之精华，都值得品味。

茶之品味，有的人为品，有的人为喝，有的人为吃。品者，重在意境，细品缓啜，才知真味；喝者，以清凉解渴为目的，宜大口大口地喝；吃者，连茶带水咀嚼咽下，此者为数不多，湖南人有此习惯。

茶之采摘，过去清明前一天寒食节禁火，故清明节前后采茶最适宜。“火前嫩，火后老，唯有骑火品最好。”君山银针茶，售价为名茶之最，要求九不采：雨天不采，露水不采，空心芽不采，开口芽不采，冻伤芽不采，虫伤芽不采，瘦弱芽不采，紫色芽不采，过长过短芽不采。人们最喜欢的高山云雾茶，因为山区云雾缭绕，昼夜温差大，漫射光和短波紫外光较多，于是高山茶芽叶肥壮，滋味纯美，香气浓郁，经久耐泡。

茶水情深，好茶还须好水相匹配。唐代张又新《煎茶水记》称：“水之与茶宜者凡七。”著名的茶水组合有：扬子江中水，蒙顶山上茶；龙井茶，虎跑水；径山茶，苎翁泉。总体是“茶烹于所产处，无不佳也”，离开当地水，茶味减半。故金华最佳的茶水匹配是：“金兰水库水，婺州举岩茶。”

茶与文化，相得益彰。茶因文化而显示魅力，文化因茶而施展才华。茶文化兼文学、艺术、书法于一体。有茶诗、茶词、茶书、茶文、茶画、茶联、茶故事、茶谜语、茶歌曲、茶习俗等。唐代卢仝《走笔谢孟谏议寄新茶》（又称《七碗茶》诗），写出了喝每碗茶的不同感受，从“喉吻润”到“通仙灵”到“两腋清风生”如同到了“蓬莱山”。宋代苏东坡《汲江煎茶》诗中“枯肠未易禁三碗，坐听荒城长短更”之句，流露了他隐藏心中的苦闷。范仲淹《和章岷从事斗茶歌》“不如仙山一啜好，泠然便欲乘风去”，同样把饮茶喻为乘风去蓬莱仙境。明代唐寅题《事茗图》有“清风满鬓丝”之句，也认为写茶诗要学卢仝。还有郑板桥“扫来竹叶烹茶叶，劈碎松根煮菜根”的茶联，都是神来之笔。其实，能从一叶之轻，牵众生之口者，唯茶是也。

道家视“天人合一”为茶道灵魂

佛教强调“茶禅一味”，以茶助禅，以茶礼佛，从茶中体悟苦寂和佛理禅机，这对茶人以茶道修身养性、明心见性大有好处。而道家学说则注入了“天人合一”思想，作为茶道的灵魂。

“天人合一”主旨是，强调“天道”和“人道”，“自然”和“人为”的相通、相类和统一。认为人与天本合一，只是人的主观区分才破坏了统一。“天人合一”学说，力图追索天与人相通之处，以求天人协调和谐一致。这也是我国古代哲学思想的精髓。

道家茶道的主要表现为人对自然的回归和渴望，人对“道”本质的认识。茶人在品茶时乐于与自然亲近，与自然交流，通过茶事实践体悟自然的规律。这就是道家“天地与我并生，万物与我为一”思想的典型表现。金代著名诗人元好问的《茗饮》茶诗，就是“天人合一”思想在品茗时与自然契合的具体写照。诗曰：“宿醒来破厌觥船，紫笋分封入晓前。槐火石泉寒食后，鬓丝禅榻落花前。一瓯春露香能永，万里清风意已便。邂逅华胥犹可到，蓬莱未拟问群仙。”

诗人以槐火石泉煎茶，对着落花品茗，一杯春露般的茗茶，在诗人心中永久留香，而万里清风则送诗人梦游华胥国。华胥国是传说中的地方，那儿的人们又快乐又长寿，生活幸福逍遥。

其实，茶一旦置身于自然之中，它不仅是物质产品，而是人们契合自然和回归自然的媒介。茶境的人化，会大大增添茶人品茗的情趣。唐代李郢品茶“如云正护幽人堑”，陆龟蒙品茶“绮席风开照露晴”，僧人齐已品茶“谷前初晴叫杜鹃”，曹雪芹品茶“金笼鹦鹉唤茶汤”，郑板桥品茶邀请“一片青山入座”，都体现了品茗环境的人化。

茶醉与酒醉完全不同

酒能醉人，酒醉的主要功效是提神忘忧解闷。过去诗人多嗜酒，特别是一些失意的文人士大夫往往以一醉解烦闷。然而酒具有两面性。古人云："成事在酒，败事也在酒。"唐代诗人孟郊《酒德》诗指明了酒的缺失，诗云："酒是古明镜，辗开小人心。醉见异举止，醉闻异声音。"诗意表明酒像一面镜子，照出了小人的种种心态，酒醉会出现异常举止和声音，会说出不该说的话，做出不该做的事。所以在自备车普及的今天，政府提出"喝酒不开车，开车不喝酒"的警示，告诫不要酒后开车，因为许多交通事故是"酒驾"造成的，不仅自己生命打折扣，还祸害于社会。

茶醉就完全不同了。"寒夜客来茶当酒"，茶也能醉人，但茶醉比之酒醉，是另外一种境界。唐代卢仝《七碗茶歌》，从"喉吻润""破孤闷""搜枯肠""发轻汗""肌骨轻"，一直到"通仙灵""清风生"，生动地描绘了品茶的真谛，洋溢着"茶醉"的韵味。

茶醉往往从闻到茶香开始。茶有茶香，水有水味。当你泡了一杯清茶，一股浓郁的幽香，远远扑鼻而来，虽然茶未入口，但生活中的各种烦恼全被茶香驱散了。饮茶不仅是解渴，更重要的在意境使人沉静，涤荡性灵。因此许多名人雅士以茶为友。

茶醉又是一种韵事。在茶人眼里，月有情，山有情，风有情，云有情，大自然的一切，都与茶人有缘。诗圣杜甫的品茗诗写道：“落日平台上，春风啜茗时。石阑斜点笔，桐叶坐题诗。翡翠鸣衣桁，来往亦无期。”情景交融，韵味无穷。苏东坡把茶人化，诗曰：“戏作小诗君莫笑，从来佳茗似佳人。”饮茶的妙趣不但在于品赏茶的色、香、味、形，更在于能使人把忙乱放在闲处，让人神清气爽、心旷神怡、劳倦顿消。古语云“清晨一杯茶，不用找医家”，茶醉哲理就在其中了。

茶醉是品出来的。品茶既是文化精神享受，也是艺术欣赏。一杯茶，品人生沉浮；平常心，造万千世界。品茶要细细地品，缓缓地啜。茶越品越香浓，越品越温馨。茶醉的妙趣在于品赏茶独有的色、香、味、形，从而品出茶的至清、至醇、至真、至美等韵味，使人把心放在闲处，体悟到若要清心，惟有香茗。

茶亦醉人何必酒。宋代诗人郑清之诗云：“一杯春露暂留客，两腋清风几欲仙。”同代诗人王十朋诗云：“生两腋之清风，兴飘飘于蓬岛。”还有同代白玉蟾的词《水调歌头·咏茶》：“两腋清风起，我欲上蓬莱。”这些诗词都道出了茶清如露，心洁宁静，品茶进入了飘飘欲仙的茶醉境界。

“美酒千盅难成知己，清茶一杯却能醉人。”这是金华一家茶叶店门口曾经贴出的对联，它道出了本文酒醉与茶醉的全部意旨。

另外，一些不经常喝茶的人，特别是空腹时饮浓茶，往往会引起胃部不适，心悸头痛等“茶醉”现象。这与文中所说“茶醉”不能混为一谈，当作别论。

茶海钩沉更显靓丽芬芳

《诗经》中的“荼”字是茶树之本茶文化之源

“茶之为饮，发乎神农氏，闻于鲁周公。”《神农本草经》有“神农尝百草，日遇七十二毒，得荼而解之”的记载。对于“荼”字，首见于我国春秋时代的《诗经》。《诗经》共311篇，分风、雅、颂三大类，其中记载“荼”的共5篇。“荼”字是茶字的古称，我国到中唐才有茶字的记载。

《诗经》中的“荼”字，是我国茶树之本，茶文化之源。我国早在周初就是茶树的原产地，是茶文化的发祥地。如若没有《诗经》中“荼”字的记载，我国的茶树只能是无本之木，茶文化也是无源之水。

本文之所以这样说，是因为《诗经》中的“荼”字，有着极其深远的意义。

《诗经》中5篇有关“荼”的记载：其一在《谷风》中提道：“谁谓荼苦，其甘如荠。”这意思是说，有人认为荼是苦的，但苦味如同荠菜乃至荸荠一般的甜。

其二在《郑风·出其东门》中提道：“出其闉阇，有女如荼。”意思是说，走出了城门，有位女子有如同荼一样的美貌。

其三在《文王之什·绵》中提道：“周原膴膴，堇荼如饴。”这意思是说，当时祭祖用的是大块的鱼肉和饴糖般甜的荼。

其四在《豳风·七月》中提道：“九月叔苴。采荼薪樗。”这意思是说，九月收获叔苴即豆和麻，再是采荼和柴薪。

其五也在《豳风·鸱鸮》中提道：“予手拮据，予所捋荼。”这意思是说，我操作劳苦，干活是捋荼，即用“一把捋”的方法采茶。

从以上五方面我们可以得知：一是茶的滋味是苦中带甜。这与今天所说茶香气独特陈香，滋味醇厚回甘，若要清心，唯有香茗等说法是一脉相承的。

二是把茶比作美貌女子。古时未婚少女出嫁要“受聘”，俗称“吃茶”，吃了茶婚姻原则上定下来了。同时把茶比作佳人、佳丽。唐代诗人白居易《和微之春日投简阳明洞天五十韵》有“瑰奇填市井，佳丽溢阛阇”诗。宋代诗人苏东坡把茶人化，有“戏作小诗君莫笑，从来佳茗似佳人”的诗篇。

三是把茶作为祭祀的祭品。这种习惯一直延续至今，茶叶茶水历来都是祭奠亡人的祭品，《红楼梦》第七十八回，贾宝玉在丫鬟晴雯死后，读毕《芙蓉女儿诔》祭文后，焚香酌茗，祭奠亡人。

四是对于“荼”的采摘，当时与收豆麻同一时间，“荼”是一年一次性的收获，当今茶叶分季采摘，是对茶精心培育的创新。

五是采“荼”是一项劳苦的农活，当时采茶不分朵。采茶一芽一叶、一芽二叶初展，都是以后制茶方法的传承发展。

总起来说，我国茶产业的持续发展和茶文化的不断繁荣，毫无疑问是起源于《诗经》。进一步振兴茶经济，弘扬茶文化，是新时代赋予现代人的重任。

武夷山御茶园

武夷山御茶园，是元代制造“御用珍品”贡茶的手工作坊，据《武夷山志》记载：元至元十六年 (1279), 浙江在福建兼职官员章高兴过武夷，制石乳茶数斤进贡朝廷。至元十九年 (1282)，朝廷令县官亲临办理，岁贡20 斤，采摘总共 80 斤。大德五年 (1301)，章高兴之子章久住为邵武官总官，按就近至武夷督造贡茶，次年创办焙局，称“御茶园”，设场官司二员，领其事。后税额不断增加，增至 250 斤。泰定五年 (1328)，崇安县令张端本于园之左右各建一场，匾曰“茶场”。至顺三年 (1332)，建宁总管 (蒙古人) 暗都剌于通仙井畔筑喊山台高五尺, 方一丈六尺。每当仲春“惊蛰”日，县官临茶场致祭毕，隶卒鸣金击鼓，喊山者同声喊曰“茶发芽”，而井水渐满。造茶毕，水遂浑涸。到元朝末年，贡茶额总共九百九十斤。元代御茶园建于武夷九曲溪之第四曲畔，为官办茶场。建有第一春殿、清神堂以及焙芳、浮光、燕宾、宜寂四亭，门曰“仁风”，井曰“通仙”，桥曰“碧云”。有茶户负责管理和制茶，并设置官员领管。所制贡茶，仍沿宋代，为团龙凤饼茶。到明嘉靖三十六年 (1557), 由于茶树枯萎，太守钱公业详请贡茶作罢。武夷山御茶园修贡制度，前后实行 250 多年。

注：武夷山御茶园，据民间传说，因茶农产茶不够缴贡而被放火烧毁只留遗址。当代诗人赵朴初写有《武夷山御茶园饮茶》诗：“云窝访茶洞，

洞在仙人去。今来御茶园，树亡存茶艺。炭炉瓦罐烹清泉，茶壶中坐杯环旋。……”写出武夷的碧水青山，奇峰曲溪，特别是对饮茶的无穷感受，深深地留在诗人的记忆之中。

宋遗民王炎午怀感涉茶词

《沁园春》：

又是年时，杏红欲吐，柳绿初芽。奈寻春步远，马嘶湖曲，卖花声过，人唱窗纱。 暖日晴烟，轻衣罗扇，看遍王孙七宝车。谁知道，十年魂梦，风雨无涯。

休休。何必伤嗟。谩赢得青青两鬓华。且不知门外，桃花何代，不知江左，燕子谁家。世事无情，天公有意，岁岁东风岁岁花。拼一笑，且醒来杯酒，醉后杯茶。

王炎午（1252—1324），字鼎翁，别号梅边。这首词，作于宋亡之后，王炎午是文天祥的同乡庐陵（今江西吉安）人。淳祐间补太学生，临安陷落后，他去拜谒文天祥，尽出家资，以助军饷，并在文天祥幕府参与军事；文天祥被俘之后，他作了《生祭文》，激励文天祥死节，自己也成了南宋的遗民。

王炎午这首词，全词借伤春感怀，表达故国之痛。词的上片从春景入笔，以较多的文字写春光骀荡，金勒宝马，游人如醉，而于结处转折，点明所写诸般春景皆系往日陈迹；下片则转写感慨，抒发当前的情怀。两片虽然境况迥异，时间跨度比较大，但却用“谁知道”三句作为桥梁，将两片紧紧连成一体。全词画龙点睛的是最后三句：“拼一笑，且醒来杯酒，醉后杯茶。”

“喊山”茶俗流传主茶区官民中

位于浙江长兴与江苏交界的顾渚山，盛产紫笋名茶。从唐大历五年（770）开始，朝廷把顾渚山紫笋茶列为贡品，并建立了贡茶院。每当采茶季节，顾渚山一带设置茶烘焙场所百余处，聚集采茶者三万多人，制茶工匠超千人，采制上品的贡茶。当时宜兴属常州管辖，长兴则属湖州，两州太守在“境会亭”品茗评比新茶，坐催茶中极品贡茶，于清明前送到长安京城供皇族享用。为了产出既多又好的紫笋贡茶，湖、常两州太守每年“惊蛰”还在“境会亭”举行“喊山”礼仪致祭茶魂，祈求茶叶发芽。致祭时鸣金击鼓，随从官员役夫万众齐呼“茶发芽”，祭礼极为壮观。这种“喊山”的茶俗，唐宋元明清历代在贡茶区由州县官员主办，流传不衰，至今仍在一些地方流传。

云南省普洱市景迈山布朗族的翁基寨子，今天仍流传祭茶魂的习俗，按布朗族人留下的祖训，金银财宝终有用完之时，留下牛马牲畜也终有死亡的时候，还是留下茶树才是子孙后代取之不尽、用之不竭的财宝。于是这个村寨遗留着祭茶魂台的古迹，每年四月举办茶祖节，节日共三天，家家户户打扫卫生，宰牛杀羊，并以“厄糯索”（黄粑）祭茶祖并馈送亲友。节日期间，族人每天到祭台摆放祭品，并由村寨最德高望重者在台上高呼茶魂，声震山野，祈求茶树成长茶叶丰收。

这个村寨至今仍然保留着古老的自然崇拜，认为大山、茶树是他们的衣食父母，从不随意砍伐，即使挖野菜、采草药，也要告知神灵，感谢大自然的恩赐。

漫话世上茶人知多少

对于“茶人”一词，有些人认为只指有论茶专著、诗词、书画等作品，以及爱好喝茶的人。其实，“茶人”一词内涵极其丰富，除了上述所说之人外，还包括种茶人、采茶人、制茶人、各种爱茶人、制茶壶匠人，以及茶叶经营者、经纪人等。这样说来，我国13亿多人口中，茶人起码有几个亿，全世界有50多个产茶国家，茶人数量就更可观了，据说不下20亿人。

“茶人”一词，外延也很广泛。在杭州等地，有“茶人之家”“茶人山庄”“茶人茶业有限公司”；北京有“茶人联合会”，还出版有刊物《中华茶人》；上海有“茶人种植经济发展公司”；许多地方还有茶人组织起来建立的茶叶专业合作社……

“茶人”一词，最早是唐代茶圣陆羽（733—804）提出的。他的宏大著作《茶经·茶之具》中，有“茶人负以采茶”之句。其原文为“籯：一曰篮，一曰笼，一曰筥……茶人负以采茶也”。这里的籯，指的是用竹篾编制的采茶人肩负装茶的工具。

唐代著名诗人白居易（772—846）的诗《谢李六郎中寄新蜀茶》，末两句是“不寄他人先寄我，应缘我是别茶人”。诗意指自己是鉴别茶叶品质优次良差的内行。他的另一首诗《山泉煎茶有怀》，末两句是“无由持一碗，寄与爱茶人”，这是指自己是喜欢喝茶的人。他任苏州刺史时，当时盛产茶叶的顾渚山，分属江、浙两省的常州和湖州，每当采茶季节，为贡茶劳作的工役有3万余人。常州和湖州刺史要在茶山境会亭欢宴，评选贡茶送京。有一次白居易接到茶宴的请帖，因坠马损腰不能赴宴，作了《夜闻贾常州崔湖州茶山境会亭欢宴》诗，末两句“自叹花时北窗下，蒲黄酒对病眠人”。他这个“别茶人”“爱茶人”成为“病眠人”不能赴宴深感遗憾。还有他《琵琶行》中提道“前月浮梁买茶去”的那位商人，也应是茶人。诗人皮日休（约838—约883），写的《茶具杂咏》十首中，第二首是《茶人》，诗意指的是采茶人。陆龟蒙（？—约881）的《奉和袭美茶具十咏》第二首《茶人》，指的也是采茶人。

宋代大文豪苏东坡（1037—1101）性嗜品茗，对种茶、煎茶、品水等体察深细，是位有独特见解的茶人。他把茶人格化，以拟人手法写茶的《叶嘉传》，开头曰：“叶嘉，闽人也。”在《次韵曹辅寄壑源试焙新茶》诗中，把佳茗比作佳人。诗曰：“戏作小诗君勿笑，从来佳茗似佳人。”与苏东坡齐名有“苏黄”之称的黄庭坚（1045—1105），把茶人比若故人。《答许觉之惠桂花椰子茶盂二首》诗中有“故人别来鬓成丝”“故人相见各贫病”的美句，把不喜茗饮嗜酒者戏称“糟人”。陆游（1125—1210）一生创作诗词今存9 000余首，其中咏茶的有300余首，茶诗之多前无古人。他65岁后回到茶乡山阴故里，过着“茶甘饭软”的隐居养老生活，一生活到85岁。他83岁时写的《八十三吟》，有“石帆山下白头人”之句，“白头人”指自己已是白发的茶人。

清代戏曲家李渔（1611—1680），著有《茗客》的专论，“茗客”意即茶人。乾隆（1711—1799）是清代在位时间最长的一位皇帝，在他83岁准备将皇位禅让给皇子时，有位老臣以“国不可一日无君”为由，奏本挽留他继续执政，此时乾隆正端起茶杯，呷了一口茶说：“君不可一日无茶也！”这句话虽然说得大臣们无言以对，但说明乾隆是位不折不扣的茶人。

有当代茶圣尊称的吴觉农先生（1897—1989），在战火纷飞的抗日战争年代，率领茶界进步青年，在嵊县一带组织了一支抗日救亡宣传队伍，以当时茶叶工作者的风貌，编辑出版了钢板刻写油印的杂志《茶人通讯》。吴觉农先生为茶的事业奋斗和无私奉献的精神，人们称之为“茶人与茶人精神”。

古往今来，茶人多之又多。我国藏族等少数民族，由于以游牧为生，多食牛羊肉，而茶叶能消食化腻，想要助消化非喝茶不可。他们喝的茶是经渥堆发酵等独特工艺制造的黑茶。他们“宁可三日无食，不可一日无茶”，是真正的茶人。

近代五位名家茶事趣谈

巴金与功夫茶

巴金，现当代作家。原名李尧棠，字芾甘，笔名佩竿、余一、王文慧等。四川成都人。他创作的《激流三部曲》——《家》《春》《秋》及《爱情三部曲》——《雾》《雨》《电》，以其独特风格引人瞩目。新中国成立后，曾任全国文联副主席、中国作家协会主席、全国政协副主席等职。他的文学创作成就在文学史上令人瞩目，有口皆碑。

巴金很早就与潮汕功夫茶结缘。据汪曾祺《寻常茶话》所记："1946年冬，开明书店在绿阳村请客。饭后，我们就到巴金先生家喝功夫茶。几个人围着浅黄色老式圆桌，看陈蕴珍（萧珊）表演：濯器、积炭、注水、淋壶、筛茶。每人喝了三小杯。我第一次喝功夫茶，印象深刻……"

汪曾祺没有料到，到1991年88岁高龄的巴金先生又喝了一次功夫茶。为他冲功夫茶者为闻名中外的紫砂壶利壶高手许四海。许四海当过兵，部队驻在潮汕地区，他情有独钟地留心收集民间紫砂罐，1980年复员回家上海时带回许多壶类古董。后来自己又到宜兴拜师，终于成了利壶名家。许四海在为上海文学基金会捐款时结识了巴金先生，巴金让女儿李小林给许四海泡茶，把茶泡在玻璃杯里。许四海喝后带有点油墨味，难以下咽。他当即表示要送巴金先生一只自制的仿曼生壶，并要表演茶艺。一个月后许四海到巴金家取出紫砂茶具，按潮汕一带的冲泡法冲泡，还未喝一股清香从壶中飘出，端请巴金品尝，巴金边喝边说：“没想到这茶还真听许大师的话，说香就香了。”又一连喝了好几盅，连连说好喝好喝（见沈嘉禄《茶缘》）。

因此可见，巴金先生至少饮过两次功夫茶，一次在 1946 年，一次在 1991 年，两次前后相隔近半个世纪。

老舍边喝茶边写作

老舍（1899—1966），原名舒庆春，字舍予，老舍是其最常用的笔名，另有絜青、鸿来、絜予、非我等笔名，北京人，著名作家。

饮茶是老舍先生一生的嗜好，他认为“喝茶本身是一门艺术”。他在《多鼠斋杂谈》中写道：“我是地道中国人，蔻蔻、汽水、可可、啤酒皆非所喜，而独喜茶。有一杯好茶，我便能万物静观皆自得。”老舍本人茶兴不浅，不论绿茶、红茶、花茶，都爱品尝一番，兼容并蓄。他也酷爱花茶，自备有上好的花茶。我国各地名茶，诸如西湖龙井、黄山毛峰、祁门红茶、重庆沱茶……无不品尝。他茶瘾很大，称得上茶中瘾君子，喜饮浓茶，一日三换，早中晚各来一壶。老舍先生出国或外出体验生活时，总是随身携带茶叶。

茶助文人的诗性笔思，有启迪文思的特殊功效。老舍的习惯就是边饮茶边写作。创作与饮茶成为老舍先生密不可分的一种生活方式。茶在老舍的文学创作活动中起了绝妙的作用。

老舍好客，喜交友。他移居云南时，一次朋友聚会，请客吃饭没钱，便烤土罐茶，围着炭盆品茗叙旧，来个寒夜客来茶当酒，品茗清谈，属于真正的文人雅士的风度!

话剧《茶馆》是老舍先生后期创作中最重要、最成功、最著名的一部作品。

郭沫若诗词剧作不离茶趣

郭沫若（1892—1978），原名郭开贞，乳名文豹，号尚武，笔名除郭沫若外，还有郭鼎堂、石沱、麦克昂、杜衍等，四川省乐山县沙湾镇人，著名文学家。

郭沫若生于茶乡，曾游历许多名茶产地，品尝过各种香茗，他的诗词、剧作以及书稿作品中，留下了珍贵的带有饮茶佳趣的珍贵作品，为现代茶文化增添了一道道绚丽的光彩。

1903 年郭沫若 11 岁时就写下了“闲酌茶溪水，临风诵我诗”的《茶溪》一绝。这说明他对茶的喜爱从小就开始了，以后他在茶事曾写了许多流传千古的佳作。如 1959 年在杭州陪外宾游览孤山、六和塔、花港观鱼、虎跑等名胜后，他以诗记游，其中吟到:“虎去泉犹在，客来茶甚甘。名传天下二， 影对水成三。饱览湖山美， 豪游意兴酣。春风吹送我， 岭外又江南。”

郭沫若在创作剧本时，也离不开茶趣，传播茶文化。他在描写元朝末年云南梁王的女儿阿盖公主与云南大理总管段功相爱的悲剧《孔雀胆》中，把武夷茶的传统烹饮方法，通过剧中人物的对白和表演，介绍给了观众。借王妃之口，讲述了功夫茶的冲泡方法：在放茶之前，先要把水烧得很开，用那开水先把这茶杯茶壶烫它一遍，然后再把茶叶放进这“苏壶”里面，要放大半壶光景，再用开水冲茶，冲得很满，用盖盖上。这样便有白泡冒出，接着用开水从这“苏壶”盖上冲下去，把壶里冒出的白泡冲掉。从这剧情中，可以看出郭沫若对茶的冲泡如此精通，反映了他对茶文化的热爱。

张恨水陪都茶情

张恨水（1895—1967），安徽潜山人，现代著名小说家。1919 年在北平的《世界日报》里当过记者、编辑和副刊主编，并开始创作白话通俗小说，有《金粉世家》《啼笑因缘》等畅销小说。“七七事变”后，创作了几部宣传抗战，反映市民阶层悲欢离合的长篇小说，如《热血之花》《八十一梦》等。抗战期间，南京沦陷之后，作为中华文艺界抗敌协会的成员，他跟随西迁的国民政府，跋山涉水来到陪都重庆，担任了《新民报》副刊的主编。

由于长期的编辑和写作生活，张恨水素有贪茶之癖。他饮茶嗜好饮酽茶，饮苦茶，不属于细品慢咽的品茶，自诩为“牛饮”。他连西湖龙井、六安瓜片等名茶也是大口大口地饮用，似同解渴都美在其中。当饮到兴致处还唱几句京剧曲牌。

在北平的时候，他最喜饮用西湖龙井、六安瓜片等名茶，当时收入不高，日子并不富裕。他穿不讲究，吃不讲究，唯独饮茶是绝不可少的。后来到重庆物价飞涨，每月薪水加上稿费，也买不上二斤地道龙井茶，这可苦了张恨水。后来他发现所居乡间有卖沱茶的小茶馆，但卖的不是正宗的云南沱茶，而是当地产的，虽味不能与沱茶比，可总算有茶可饮了。“或早或晚，闲啜数口，仰视雾空，微风拂面，平林小谷，环绕四周，辄于其中，时得佳趣。”在抗战生活中，这也是非常惬意之举。

当时敌机轰炸频繁，大家跑警报时都是只身跑进防空洞，顾不得带什么心爱之物，可是张恨水与众不同，他无论怎么紧急也要带上他那把紫砂壶。有一次沙汀见他端着紫砂壶钻进防空洞，打趣地问他：“老兄怎么还有兴趣到防空洞过茶瘾呀！”张恨水回答说：“没有这壶茶，明天要刊登的那篇小品文怎么交差呀！”可见张恨水嗜茶如命，主要用以开阔思路，完成写作任务。

马一浮自己设计茶具

马一浮（1883—1967），单名浮，一浮是他的字，号湛翁，浙江绍兴人，是我国近现代著名哲学家、诗人和书法家，曾被周恩来称之为“我国当代理学大师”。

马一浮的故乡和他久居杭州的花港蒋庄，都属于茶乡。花港蒋庄离龙井茶产地很近，这种生活环境使他养成了饮茶的习惯。抗战期间，他流徙到大后方，当地朋友送给他一包沱茶。他那件沱茶颜色褐色微红，味香醇厚，煎烹之后香气醇厚非同一般，后来多次品尝后，觉得沱茶更符合自己的口味，就开始喜欢饮沱茶了。抗战胜利后，马一浮回到杭州花港，当地多饮龙井，在杭州买不到沱茶，只得托云南友人邮寄沱茶。后来上海能买到沱茶了，马一浮饮沱茶嗜好才得到满足。

马一浮饮茶不但要求茶叶可口，还非常重视讲究茶具式样。他不惜高价请能工巧匠用优质铜材，打造了一尊小巧的茶炉，又请宜兴紫砂名手制作了一个紫砂茶壶，并在壶壁上镌刻上自书的“汤嫩水清花不散，口甘神爽味偏长”的联语。他用的茶盅也制作得小巧玲珑。他饮茶时既陶醉于茶的香醇，又对茶具爱不释手。

马一浮饮茶最喜自斟自饮，啜一口香茗，再闭目凝思，体味饮茶妙趣，有时还略加评点，以表自己见识。一次感受联想到唐代诗人卢仝的“肌骨滑，通仙灵，两腋习习清风生”的诗句，就脱口而出，细细品味，点评说：“这才是道家境界呀！”

老舍与他的话剧《茶馆》

老舍1957年创作的话剧《茶馆》，是他后期创作中最成功的一部作品，也是当代中国话剧舞台上最优秀的剧目之一，在西欧一些国家演出时，被誉为“东方舞台上的奇迹”。

《茶馆》这三幕话剧，展现了自清末至民国近50年间茶馆的变迁。头一幕说的是戊戌政变那一年的事；第二幕还是那个茶馆，时代到了民国，军阀混战的时期；第三幕最惨，北京被日本军阀霸占了8年，老百姓非常痛苦，好容易盼到胜利，又来了国民党，日子照样不好过，甚至连最善于应付的茶馆老掌柜也被逼得上吊。什么都完了，只盼着八路军来解放。茶馆是三教九流会面之处，可以容纳各色人物。一个大茶馆就是一个小社会。这出戏虽只有三幕，却写出了50年来的变迁。

老舍谢世后，他的夫人胡絜青仍十分关注和支持茶馆行业的发展。1983年5月，北京个体茶室“焘山庄”开业，她手书茶联“尘滤一时净，清风两腋生”相赠，还亲自上门祝贺。

茶人喜爱的紫砂陶具由哪些人制造

江苏宜兴的紫砂陶茶具，融实用性与艺术性于一体，为历代文人雅士、皇亲贵族所喜爱。在明代，紫砂茶具才真正走上艺术化道路并发扬光大。弘治年间擅制供春壶的龚（供）春，有“胜于金玉”的董翰、赵梁、元畅（亦作袁锡）、时朋四大制壶高手。当时诸多壶式，都出自他们之手。今将明代著名制壶陶工的名录简述如下。

龚（供）春，相传为宜兴名士吴颐山（正统九年进士，以提学副使擢四川参政）的家僮。据颐山曾孙吴美鼎所告：“龚春侍我从祖，髫龄颖异，寓目成诵，借小伎以娱闲，因心挈矩，侍读之余，从寺僧、陶工学习制壶技艺，遂成一代名家。”紫砂壶艺史上第一个留下制作者名字的就是龚春。

时大彬，时朋之子，宜兴著名陶工，生卒年不详，号少山。据明周高起著《阳羡茗壶系》所载：“时大彬制壶，初仿供春，喜作大茶壶。后游娄东，闻陈眉公等论茶，乃作小壶。所制壶，以柄上拇痕为识，不务妍媚而朴雅坚栗（栗，微小），妙不可思，几案上置一具，享有大家之誉。”

陈用卿，宜兴陶工，生卒年不详。“与时大彬同工，而年、技俱后。负力尚气，尝佶吏议，在缧绁中。俗称陈三呆子，式尚工致，如莲子，汤婆，钵盂，圆珠诸器，不规而圆。己极妍饰，款仿钟太傅贴意，落墨拙，而用刀工。”

欧正春，宜兴陶工，生卒年不详，时大彬弟子。所制茶壶多规花草果物，式度精妍，时称雅流。

徐友泉，宜兴陶工，生卒年不详，名士衡。“其父爱时大彬壶，延致家私塾。一日时大彬作泥牛为戏，不即从，友泉奇其壶式出门去，适见树下眠牛将起，尚屈一足，友泉注视捏塑，曲尽牛状，归示大彬。大彬一见惊叹曰：‘如子智能，异日必出吾上。’友泉因学为茶壶，擅长变化壶式，仿古尊，罍诸器，配合土色所宜，毕智穷工，移人心目。其所制作，有汉方、扁觯、小云、雷提、梁卤、蕉叶、莲方、大顶莲、一回角、六子诸式，泥色有海棠红、朱砂、紫定、窑白、冷金、黄淡、黑沉香水、石榴红、葵黄、闪色、梨皮诸类，种种变化，别出心裁。然晚年恒自叹曰：‘吾之精，终不及时大彬之粗。’”

沈子澈，宜兴陶工，崇祯时人。“所制壶古雅浑朴，尝为人制菱花壶，铭之曰：石根泉，蒙顶叶，漱齿鲜，涤尘热。”

陈光甫，宜兴陶工，生卒年不详。“擅仿供春、时大彬之茶壶，堪称入室。虽天夺其能，早眚一目，相视口的，不极端致，然经其手摹，亦具体而微矣。”

李茂林，宜兴陶工，生卒年不详，行四，名养心。“擅制小圆式茶壶，朴致高雅，堪称名玩。”

陈辰，宜兴陶工，字共之，生卒年不详。“工镌茶壶壶款，近人多假乎焉。亦陶家之中书君也。”

陈信卿，宜兴陶工，生卒年不详。“擅仿时大彬、李仲芳诸傅器具。所制茶壶‘坚瘦工整，雅自不群。貌寝意率，自夸洪饮，逐游贵间，不务壹志尽技，间多伺弟子造成，修削署款而已。’所谓心计转粗，不复唱渭城时也。”

沈士良，宜兴陶工，字君用，生卒年不详，所作以妍巧著称。“壶式上接欧正春一派，至倚象诸物，制为器用，不尚正方圆，而准缝不苟丝发。配土之妙，色象天错，金石同坚。自幼知名，人呼之曰‘沈多梳’（宜兴垂髫之称）。”

李仲芳，宜兴陶工，生卒年不详，李茂林之子。著名陶工时大彬门下第一高足。“所制之茶壶渐趋文巧，其父督以敦古。曾手制一壶，视其父曰：‘李大瓶，时大名。’”

闵鲁生，宜兴陶工，名贤，生卒年不详。“其所制茶壶，制仿诸家，渐入佳境。人颇醇谨，见传器，则虚心企拟，不惮改，为技也进乎道矣。”

清代陈曼生(1768—1822)，名鸿寿，号曼生。宜兴著名壶艺家，他在乾嘉年间与出任溧阳县宰的杨彭年两人合作制壶。杨彭年弟杨宝年，妹杨凤年均为宜兴制壶名家高手。他们按陈的设计，不靠模具成型，而以手工捏造，浑然天成，巧夺天工。陈杨合作，先由杨按设计制作成型，再由陈及其幕友分别在胚件上题词刻铭。壶与诗文书法篆刻融为一体，刻文多于壶肩与壶身，如“味余诗思扩胸襟”“吟花咏目竹评茶”“诗情都为饮茶多”等。壶一般钤“阿曼陀室”阳文篆书名款。后人誉之为“字依壶传，壶随字贵”。这样的曼生壶为壶中珍品，有大量传世之作。曼生壶在我国紫砂史上独树一帜，被誉为“时大彬后之绝技”。

漫谈壶铭的艺术性

铭是一种文体，常刻于碑牌或器物。随着茶文化的传承发展，壶铭也发展起来。

壶铭就是刻写在茶壶上的字句。融书法、篆刻和文学于一体，蕴藏着无数哲理，情趣盎然，制壶刻铭发端于元代。蔡司霑《霁园丛话》云:“余于白下获一紫砂罐，携有‘且吃茶，清隐’草书五字，知为孙高士遗物，每以泡茶，古雅绝伦。”孙高士即孙道明，号清隐，元华亭人，隐居不出，人称高士，言其所居“且吃茶处”。他当为文人撰写壶铭于壶上第一人。

清代著名书法家梅调鼎，浙江慈溪人。他写过不少壶铭，且是根据不同壶的造型写的，如瓠瓜壶，椰子壶等。铭文以极其精炼的语言制成铭句，文字押韵，造句活泼，极其生动，他写得较多的是瓜壶铭，少则几字，多则 20 多字，如:

引用瓠，其乐陶。

生于棚，可以羹，判为壶，饮者卢。

吾岂瓠瓜，乃酒之家，为阳羡人，而户于荣。

亦肥亦坚，得瓠之全，饮之延年。

曼生壶的铭文，极富哲理，发人深思，如却月壶铭：“月满则亏，置之座右，以为我现。”告诫人要谦虚谨慎，记取“满招损，谦受益”的道理，可以作为座右铭随时对照。又如井栏壶铭：“井养不穷，是以知汲古之功。”鼓励人们要努力钻研，不断汲取有益营养。提梁壶铭：“提壶相呼，松风竹炉。”意谓邀请朋友喝茶，可增进友谊交流心得，大有好处。

壶上名铭，声价倍增。壶铭是茶文化研究中不可忽视的组成部分，要促使其发扬光大。

谈婺窑茶具

婺州窑烧瓷历史悠久，金华茶具地域特征鲜明，一万年以前，浦江“上山文化遗址”已发现陶杯、大口陶盆。汉时，已见原始瓷茶罐，唐代已经盛产茶碗，茶圣陆羽在《茶经·四之器》中提出：“碗越州上，鼎州次，婺州次，岳州次……”婺州窑排名第三。宋代，婺州窑已产黑色瓷茶碗。

据文物主管部门对金衢所属各县、市系统调查，发现古窑遗址数百处。其中婺城区白沙地域的历史遗存就有数十处，包括全国重点文物保护单位的铁店古窑址。这些古窑产品远销四面八方，甚至出口到东南亚各地。1977 年韩国新安海域水下打捞出一艘中国元代沉船，其中有 100 多件名品是产自金华铁店窑的乳浊釉瓷器。

1986 年 12 月，义乌市北苑街道游览亭窑藏，出土了北宋的银质托葵式茶盏，现藏义乌博物馆。1987 年 6 月，兰溪灵洞乡费龙口村在一座南宋夫妻合葬墓内，出土 20 多件珍贵文物，其中有 9 件是茶匙、茶则、茶盒、火拨等银质茶具。

明清以来，由婺州官窑和民窑生产的茶具品种丰富，色彩纷呈，造型各异。釉色有青花、釉里红、青花釉里红、单色釉、粉彩、珐琅彩等。种类有茶壶、茶杯、盖碗、茶叶罐、茶盘、茶船等。

我国的贡茶制度

武王伐纣时巴蜀就以茶等物品纳贡。西汉贡茶已经明确化，长沙马王堆西汉墓出土的“槚笥”，表明茶在贵族生活中的地位。《飞燕外传》记载了皇室用茶情况。《三国志·吴志》有孙皓密赐韦曜“茶荈当酒”的记载，其用茶无疑是贡品。晋温峤上表贡茶千印，茗三百斤。唐代贡茶形成制度。据《长兴县志》记载：顾渚贡院建于大历五年（770），每年清明之前，要把贡焙新茶快马加鞭十日送到长安。宋代饮茶风俗相当普遍，贡茶在唐代基础上有较大发展，对采摘、焙制、造型、包装、送递、进献都有明确规定。北宋末年，北苑贡茶有 40 余品目。元代至元十五年（1278），朝廷有专人掌管内廷贡茶供需，全国有 120 处茶园由朝廷控制造贡茶。明代朱元璋改革唐以来炙烤煮饮团饼茶，为冲泡散茶“一瀹即啜”法，为造茶法和品饮法开创了一个新的历史时期，但名茶贡品仍然保持优势地位。清代贡茶产地扩大，江南、江北著名产茶地区都有贡茶。康熙二十八年（1689），康熙皇帝巡视江苏太湖，赐“吓煞人香”茶进贡，改名“碧螺春”。乾隆十六年（1751），诏令进献茶贡品者，庶民可升官发财；犯人量刑减轻。他对徽州名茶“老竹铺大方”，赐名“大方”名茶，岁岁精制进贡。杭州西湖龙井村，至今还保存着他游江南时被封为御茶的 18 棵茶树。

我国的榷茶制度

榷茶制度就是茶叶由朝廷实行专卖，寓茶税于其中，以取得垄断利润。这制度始于唐代，文宗太和九年（835），王涯被任命为江南榷茶使，他实施严厉的榷茶政策，下令将百姓的茶树都挖出移植到官场中去，这一措施使得民怨沸腾，正好发生“甘露之变”，王涯为宦官所杀。大臣令狐楚提出取消榷茶，皇帝下诏停止实施。但茶税屡增，严厉禁私，不准私卖，实际上已由税而榷。唐以后的五代十国中南方九国社会比较稳定，茶业有所发展，特别是楚国成为南方最大茶叶产销国。朝廷实行茶叶统购专卖，沿袭了唐后期榷茶税茶成法。真正实施榷茶制度是宋代开始。宋太祖乾德二年（964）下《禁私贩茶诏》：“民茶折税外，悉官卖。敢藏匿不送官及私贩鬻者，没入之，论罪……”。宋太宗朝，茶法更严峻。对私贩鬻茶者，规定杖责、黥面、充配，擒捕抵拒者皆死。王安石变法中有《议茶法》主张罢榷。宋徽宗时，蔡京对茶法进行三次变革，实行长短引法，即商人贩茶需到官场购买茶引，引有长短之分。短引限于近旁州县销售；长引商人需到京师交钱物算买，卖处可在京师西北三路。崇宁四年（1105），茶法再次改革，推行卖引法，茶引仍分长短。“长引许往他路，限一年；短引止于本路，限一季。”商人贩茶必须持新法茶引，笼篰也由官府统一制作。卖引法允许茶商与园户直接交易，但仍是专卖。政和二年（1112）颁布《政和茶法》，为第三次改革，确立了“以引榷茶”的制度。南宋版图虽缩小，但产茶量减少不多，继续实行“以引榷茶”的制度，茶农与茶商有自主权和积极性，效果比较明显。元、明、清几代都沿用此法。不同者元代发售茶叶零卖者凭证叫茶由，即茶引之外又有茶由颁发给卖零茶者。明袭元制，也行禁榷，引分上、中、下，数量不同。商人纳钱给引，方许出境货卖。清代仍沿袭榷茶制，但茶税收入提高出口税。鸦片战争前，茶叶出口集中于广州口岸。“五口通商”后口岸增多。咸丰以后，实行“厘金税”，茶引制渐废。百分之一为一厘，厘金名目繁多，税率不一，所收茶税要超过一厘的十倍以上甚至更高。1931 年裁撤厘金开征统税及营业税。

历代均有茶农对榷茶不堪其苦，逼得他们揭竿而起。北宋淳化四年（993）发生过四川青城茶农王小波、李顺起义。南宋建炎二年（1128）浙江茶农叶浓也曾起义“园丁亡散遂罢之”。乾道七年（1171）两湖茶农起义更是前仆后继。榷茶制度不仅遭到茶农反抗，还激怒了茶贩的起义。淳熙元年（1174），湖北茶贩数百人发动起义进入潭州（今长沙），不久因无首领被镇压失败。次年夏天，两湖茶贩再次起义，推举赖文政（即赖五）为领袖，率众数百，转战湖南、江西，官军数为所败。江西总管贾和仲，因捕“茶寇”失律而撤职除名。起义茶贩南下广东受挫，重返江西。江西提刑用计招降，首领赖文政被诱杀于江州（今九江）。但一说赖文政逃脱，诱杀者为刘四。

谈茶马互市

茶马互市，就是我国内地用茶叶与边境少数民族换取马匹。我国良马多产于青海、甘肃、四川、西藏等地区，这些地区以牛羊肉为主食，需要以茶除腥去腻。茶叶是他们的生活必需品，藏人有“宁可三日无饭，不可一日无茶”之说。因此，我国长期以来就采取以茶易马或以马换茶的交换形式。

茶马互市始于唐代，开元十九年(731)，占据青、康、藏高原的吐蕃王朝，要求与唐划界互市，交马于赤岭（今青海湖东岸日月山）、甘松岭（今四川松潘西北），但未成为制度。

北宋与北方契丹（辽）、西夏的战争连年不断，屡遭败绩。朝廷开创以军事为目的的茶马法，神宗熙宁七年(1074)，在成都、秦川(今甘肃天水)各置榷茶买马司，掌管以官茶换取青藏马匹，作为战马以巩固边防。

元朝统治者为蒙古族，战马来源充足，未实行茶马互易制度。

明代初期，为打击退守北漠的元朝残余势力，明太祖朱元璋希望取得良马用于战争，于是在洪武四年（1371）确立以陕西、四川的茶叶互市马匹，在秦州（今甘肃临潭）、河州（今甘肃临夏）、雅州（今四川雅安）等地，特设茶马司，专管茶马互市。明太祖还严禁茶叶走私，驸马欧阳伦，倚势私集巴茶出境易货，事发后欧阳伦及有关人员皆被赐死。

清代顺治初年，在陕西、甘肃地区仍设五个茶马司，设御史专理茶马事。雍正十三年（1735），随着战争结束，封建统治秩序稳定，官营茶马交易制度停止。我国实施茶马交易制度共 700 多年。

茶的别名、别称种种

茶叶为人类三大饮料（茶叶、咖啡、可可）之首，已成为我国举国之饮。古来人有别号，茶有芳名。茶叶除檟、荼、蔎、葭、荈等别称外，还有以下的别名和别称。

不夜侯。宋代陶谷《清异录》中记载五代胡峤《飞龙涧饮茶》诗曰："沾牙旧姓余甘氏，破睡当封不夜侯。"意思是茶能醒神破睡，当封"不夜侯"。

瑞草魁。唐代杜牧《题茶山》诗："山实东吴秀，茶称瑞草魁。"

森伯。五代南唐官员殷崇义，性嗜茶，特撰《森伯颂》，誉颂茶为"森伯"，意谓"方饮即森然严于齿牙，既久四肢森然"。（见宋代陶谷《清异录》）

清人树。《荈茗录》中记载："伪闽甘露堂前两株茶，郁茂婆娑，宫人呼为'清人树'。"（"伪闽"为五代十国之一）

玉蝉膏。《清异录》中记载"大理徐恪见贻卿信铤子茶，茶面印文曰'玉蝉膏'。"

冷面草。符昭远不喜茶，尝为御史同列茶会，叹曰："此物面目严冷，了无和美之态，可谓'冷面草'也。"

晚甘侯。唐代孙樵举大中进士，历中书舍人。素爱茗茶，曾送茶与焦刑部，戏谓茶为"晚甘侯"。书云："晚甘侯十五人，遣侍斋阁。"（见《清异录》）

瓯蚁。附着在瓯中的茶沫，亦指代茶。唐陆龟蒙《甫里先生传》：“先生嗜茶荈，置小园于顾渚山下，岁入茶租十许，薄为瓯蚁之费。”

甘露。茶的美称。唐柳宗元在一首诗中有“方期饮甘露”之句，后人遂称茶水为甘露，也有以“甘露”为茶名的。

皋卢。茗之别名。《太平御览》引《广州记》:“酉平县出皋卢，茗之别名，叶大而涩，南人以为饮。”（酉平，古县名，今广东惠州惠阳西）

茗叶。茶的别称。唐孙思邈《千金食治·菜蔬》第三：“茗叶，味甘咸、酸、冷、无毒。可久食，令人有力，悦志，微动气。”

玉尘。茶之美称。宋陆游《烹茶》诗：“兔瓯试玉尘，香气两超胜。把玩一欣然，为汝烹茶竟。”

苦口师。茶的别称。五代皮光业谓茶为苦口师，光业官拜吴越国丞相，皮日休之子。《荈茗录》记载：“皮光业耽茗事，一日，中表请尝新柑，才至，呼茶甚急，往进一巨瓯，题诗曰：‘未见甘心氏，先迎苦口师。’”

过罗。茗的别名。晋代沈怀远《南越志》：“茗，苦涩。亦谓之过罗。”（引自《太平御览》卷八六七）

余甘氏。茶的别名。唐胡峤《飞龙涧饮茶》诗中有“沾牙旧姓余甘氏，破睡当封不夜侯”。

涤烦子。茶的别称。唐道士施肩吾句，见《全唐诗》卷四九四：“茶为涤烦子，酒为忘忧君。”

雪乳。用先春茶泡的菜汤，亦用作茶名。清施闰章《惠山寺试泉》诗：“松风清入听，雪乳快初尝。”

设立“中国茶节”之建议

对于设茶节之事，有中国茶都之称的浙江省，早于2010年以“谷雨”节气定为“全民饮茶日”，金华则在“谷雨”日举办“万民品茶大会”。2018年在全国政协十三届一次会议上，全国政协委员、九三学社湖南省委副主委李云才，提出了弘扬茶文化，设立“中国茶节”的建议。

李云才认为，农业要在供给侧结构性改革上下功夫，实现高质量发展，对于特色产业发展要抓好落实，要大力弘扬中华优秀农业文化。

茶叶是传承中华文化的重要载体，要让茶叶在振兴乡村战略和“一带一路”建设中发挥特色产业的重要作用，应该将中国茶申请为世界文化遗产，彰显清、敬、和、静、雅、美的茶文化核心理念。李云才建议设立“中国茶节”为国家级节日，倡导茶为“国饮”，纪念中华茶祖炎帝神农氏。节日时间定在每年谷雨或4月20日。节日期间可举行“全民饮茶日”或“品茗思祖活动周”，在全国范围内开展各种形式的品茶、奉茶、茶艺、茶文化演出、茶知识讲座、论坛、茶旅游等茶事茶文化活动。

注：2019年11月27日，联合国大会宣布每年5月21日为“国际茶日”。

东方茶术的申遗在启动

中国是茶树的原产地，是茶的故乡，也是世界茶文化的发源地。中国茶文化博大精深，千百年来对世界茶业产生深远的影响，中国拥有这份非物质文化遗产实至名归。为此，《农民日报》曾报道，2014 年 5 月中国碧生源茶业控股有限公司，提出将“东方茶术”申请为世界文化遗产。申遗倡议书提道：由中国茶滋养而生的东方茶术，代表了 5 000 年中国健康功能茶文化；饮茶养生祛病之术以及其所衍生的饮茶技艺、礼仪，更是由古人取自然精华，与东方医学医药、美学情怀、文化哲思等交融、沉淀、锤炼而生的生活智慧，对世界的茶文化产生深远的影响，可以说“东方茶艺”是凝聚了千年中国智慧的文化魂，也是实至名归的世界非物质文化遗产。

参考文献

[1] 宋世英，王镇恒，詹罗九．中国茶文化大辞典 [M]. 上海：汉语大词典出版社，2002.

[2] 刘铭忠，郑宏峰．中华茶道 [M]. 北京：线装书局，2008.

[3] 卓文．喝茶与健康 [M]. 上海：上海科学技术文献出版社，2007.

[4] 金华茶文化研究会．金华茶文化丛书（初稿）．

[5] 金华市社科联．信义金华．

[6] 戴盟．茶人漫话 [M]. 杭州：浙江文艺出版社，1998.